Python
+Office
辦公自動化實戰

前言

辦公自動化是指利用現代化設備和技術，代替辦公人員的部分手動或重複性業務活動，優質而高效地處理辦公事務，達到對資訊的高效運用，進而提升工作效率，達到輔助決策的目的。辦公自動化通常會利用到包括 Excel、Word、PowerPoint 等工具製作報表、文稿、簡報，以及收發郵件和處理檔案等工作，雖然微軟 Office 軟體相關工具提供了程式設計介面來達成辦公自動化，但是由於其具有佔用資源大等缺點，使用應用場合較受限。

目前，在辦公自動化的研究熱潮中，如何提高工作效率也成為一個具有挑戰性的任務。Python 在辦公自動化領域的應用越來越受歡迎，它能做到大量檔案的批次生成和處理。本書以 Python 3.10 版本為基礎進行編寫，有系統地介紹以 Python 為基礎的辦公自動化技術。

本書會深入介紹 Python 在辦公自動化方面的應用：包括 Python 程式設計基礎篇、Excel 資料自動化處理篇、Word 文書自動化處理篇、簡報投影片自動化製作篇、郵件自動化處理篇、檔案自動化處理篇。

本書內容結構

第 1 篇：Python 程式設計基礎篇

第 1 章介紹 Python 軟體的特點與優勢，以及如何快速搭建 Python 3.10 版本的開發環境。

第 2 章介紹 Python 程式設計基礎，包括資料型別、基礎語法、常用進階函數和程式設計技巧。

第 3 章介紹利用 Python 進行資料的準備，包括資料的讀取、資料的索引、資料的切片、資料的刪除、資料的排序、資料的聚合、資料的透視交叉分析、資料的合併等。

第 2 篇：Excel 資料自動化處理篇

第 4 章介紹利用 Python 進行資料處理，包括重複值的處理、缺失值的處理、異常值的處理等。

第 5 章介紹利用 Python 進行資料分析，包括統計描述性分析、相關分析、線性迴歸分析。

第 6 章介紹利用 Python 進行資料視覺化，包括對比型、趨勢型、比例型、分佈型等基本圖表的繪製方法。

第 3 篇：Word 文書自動化處理篇

第 7 章介紹文書自動化處理，包括應用場景及環境搭建、Python-docx 程式庫案例示範。

第 8 章介紹利用 Python 進行文書自動化處理，包括使用 Python-docx 程式庫自動化處理對頁首頁尾、樣式、文字等進行處理。

第 9 章介紹利用 Python 製作企業營運月報 Word 版，包括使用 Python-docx 程式庫整理及清洗門市店面銷售資料、營運資料的視覺化分析、批次製作企業營運月報等。

第 4 篇：簡報投影片自動化製作篇

第 10 章介紹簡報投影片自動化製作，包括應用場景及環境搭建、Python-pptx 程式庫案例示範。

第 11 章介紹利用 Python 進行簡報投影片自動化製作，包括自動化插入文字、圖表、表格和圖案等內容。

第 12 章介紹利用 Python 製作企業營運月報簡報投影片，包括製作商品銷售分析報告、製作客戶留存分析報告。

第 5 篇：郵件自動化處理篇

第 13 章介紹利用 Python 批次發送電子郵件，包括郵件伺服器概述、發送電子郵件等。

第 14 章介紹利用 Python 來獲取電子郵件，包括獲取郵件的內容、解析郵件的內容等。

第 15 章介紹利用 Python 自動發送電商會員郵件，包括電商會員郵件行銷、提取未付費的會員資料、發送制式郵件提醒和發送制式的簡訊提醒等。

第 6 篇：檔案自動化處理篇

第 16 章介紹利用 Python 進行檔案自動化處理，包括檔案和資料夾的基本操作、檔案的解壓縮操作、顯示目錄樹下的檔案名稱、修改目錄樹下的檔案名稱、合併目錄樹下的資料檔案。

本書特色定位

1） 內容新穎，講解詳細。

　　本書是一本內容新穎的 Python 技術書，詳細介紹了基於 Python 的辦公自動化技術，對於初學者有很大助益。書中詳細介紹了大量辦公自動化案例，便於讀者練習和實作。

2） 由淺入深，循序漸進。

　　本書以案例為主線，既包括軟體應用與操作的方法和技巧，又融入了辦公自動化的案例實戰，使讀者透過對本書的學習，能夠輕鬆、快速地掌握辦公自動化技術。

3） 案例豐富，高效學習。

　　本書以 Python 3.10 版本為基礎進行講解，同時為了使讀者能夠快速提升辦公自動化的綜合能力，本書中的案例都盡可能地貼近實際工作情況。

本書適用讀者

本書的內容和案例適合網路、財務、顧問等相關行業的資料分析人員閱讀，可以作為學校相關專業科系學生的參考用書，也可以作為職場人員學習 Python 辦公自動化的自學用書。

由於作者能力有限，書中難免存在一些疏漏和不足，希望同行和讀者給予批評與指正。

線上下載程式及相關應用檔案

書中的各章節所製作的程式檔和用到的資料相關檔案，請使用瀏覽器連到碁峰網站 http://books.gotop.com.tw/v_ACL067400 下載，其資料夾結構會對應各個章節的內容，共有 16 章，讀者可參考本書 1.3 節的內容，以 Jupyter Notebook 來執行該章程式的檔案。提醒您，線上下載之內容僅供合法持有本書的讀者使用，未經授權不得抄襲、轉載或任意散佈。

目錄

第 3 章　利用 Python 進行資料準備

第 2 篇　Excel 資料自動化處理篇

第 4 章　利用 Python 進行資料處理

第 5 章　利用 Python 進行資料分析

第 6 章　利用 Python 進行資料視覺化

第 3 篇　Word 文書自動化處理篇

第 7 章　文書自動化處理

第 8 章　利用 Python 進行文書自動化處理

第 9 章　利用 Python 製作企業營運月報 Word 版文件

第 4 篇　簡報投影片自動化製作篇

第 10 章　簡報投影片自動化製作

第 11 章　利用 Python 進行簡報自動化製作

第 12 章　利用 Python 製作企業營運月報投影片

第 5 篇　郵件自動化處理篇

第 13 章　利用 Python 批次發送電子郵件

第 14 章　利用 Python 獲取電子郵件

第 15 章　利用 Python 自動發送電商會員郵件

第 6 篇　檔案自動化處理篇

第 16 章　利用 Python 進行檔案自動化處理

第 1 篇
Python 程式設計基礎篇

第 1 章
初識 Python 語言及
開發環境搭建

「人生苦短，我用 Python」，這是 Python 的情懷標語，目前 Python 已經成為最流行的程式設計語言之一，在程式設計語言排行榜中位居前幾位。本章將介紹 Python 軟體的特點與優勢，以及如何快速搭建 Python 3.10 的開發環境。

1.1 Python 及其優勢

1.1.1 Python 的歷史

Python（見圖 1-1）是一門簡單易學且功能強大的程式設計語言，能夠用簡單又高效的物件導向方式來進行程式設計。**Python** 簡單的語法和動態型別，再結合它免費、可編譯、和有十分豐富的第三方資源，使其成為程式設計師編寫腳本程式或開發應用程式的理想語言。

圖 1-1　Python 的代表 LOGO

1989 年的耶誕節假期，Guido van Rossum 開發編寫出 Python 語言的編譯器。Python 這個名字來自電視連續劇《巨蟒劇團之飛翔的馬戲團》，Guido van Rossum 希望 Python 能夠滿足在 C 語言和 Shell 之間建構全功能、易學、可擴展的語言願景。

目前，Python 分為 2.X 和 3.X 兩個版本。Python 3.X 版本在設計時沒有考慮向下的相容性，即 Python 3.X 的程式碼不能直接在 Python 2.X 上執行。

Python 2.7 已於 2020 年 1 月 1 日終止支援，如果使用者想要繼續得到有關的技術支援，則需要向商務軟體供應商支付費用。截止到本書編寫出版之時，Python 穩定的最新版本是 3.10.8，本書也是以 Python 3.10 版本進行的講解。

1.1.2　Python 的特點

程式設計語言種類繁多，各有所長，但 Python 很有特色，讓很多程式設計師或分析師都選擇使用 Python 而不用其他語言，Python 的主要特點如圖 1-2 所示。

圖 1-2　Python 的主要特點

1.　簡單易學

　　Python 程式有簡易的說明文件，初學者容易上手，而且語法結構簡單。

2.　速度快

　　Python 的底層是用 C 語言編寫的，協力廠商程式庫基本上也是用 C 語言編寫的，執行速度快。

3.　表現力強

　　Python 提供了很多的結構，可以幫助我們專注於解決方案而不是程式。

4.　免費開放原始碼

　　Python 軟體及其協力廠商程式庫是開放免費的，我們可以從其官方網站進行下載。

5.　高階語言

　　Python 也是一種高階語言，我們不需要記住系統架構，也不需要管理記憶體等。

6.　可攜性

　　Python 已經可以被移植到 Linux 系統，以及以 Linux 系統為基礎的 Android 等平台上。

1.1.3　Python 的優勢

在 TIOBE 公佈了 2022 年 9 月的程式設計語言排行榜，其中 Python 的占比是
15.74%，達到了歷史新高，排名第一，超越 C 和 Java（占比為 13.96%和
11.72%）。

與 Shell 腳本語言或批次處理軟體相比，Python 為編寫大型程式提供了更多的
結構和支援。另外，Python 提供了比 C 語言更多的錯誤檢查功能，並且作為一
門高階語言，它內建支援高階的資料結構型別，如靈活的陣列和字典。

此外，Python 還可以應用在資料分析、網站搭建、遊戲開發、自動化測試等很
多不同的面向。

1.2　搭建 Python 開發環境

工欲善其事，必先利其器，Python 辦公自動化的學習少不了程式碼開發環境，
它可以幫助開發者加快開發速度，提高工作效率，Python 的開發環境較多，有
Anaconda、Jupyter 等。

1.2.1　安裝 Anaconda

Anaconda 是 Python 的整合式開發環境，內建了許多非常有用的協力廠商程式
庫，包含 NumPy、Pandas、Matplotlib 等多達 190 種常用的程式庫及其依賴項
目。Anaconda 可以使用協力廠商第三方程式庫來建構和訓練機器學習模型，包
括 Scikit-learn、TensorFlow 和 PyTorch 等，如圖 1-3 所示。

Anaconda 的安裝過程很簡單，可以選擇預設安裝或自訂安裝，為了避免配置環
境和安裝 pip 的麻煩，建議加入環境變數和安裝 pip 選項。下面介紹其安裝的
相關操作步驟。

圖 1-3　主要機器學習協力廠商程式庫

進入 Anaconda 的官方網站下載需要的版本，這裡選擇的是 Windows 64-Bit Graphical Installer（594MB），如圖 1-4 所示。

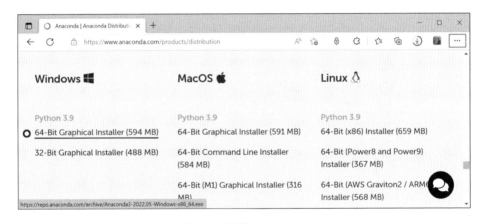

圖 1-4　下載 Anaconda

軟體下載好後，以系統管理員身份執行下載的安裝檔案「Anaconda3-2022.05-Windows-x86_64.exe」，後續的操作依次為，按一下「Next」按鈕，按一下「I Agree」按鈕，按一下「Next」按鈕，按一下「Browse」按鈕選擇安裝目錄，按一下「Next」按鈕，按一下「Install」按鈕等待安裝完成，然後按一下「Next」按鈕，再按一下「Next」按鈕，最後按一下「Finish」按鈕即可。安裝過程的開始介面和結束介面如圖 1-5 所示。

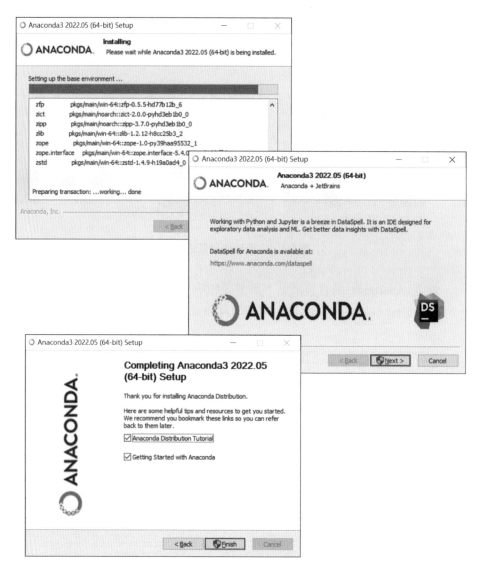

圖 1-5　安裝 Anaconda 的過程介面和結束介面

安裝結束後，在正常情況下會在「開始」功能表中出現「Anaconda3 (64-bit)」
選項，選取「Anaconda Powershell Prompt (anaconda3)」選項，打開提示字元的
視窗，然後輸入「python」，如果出現 Python 版本的資訊，則說明安裝成功，
如圖 1-6 所示。

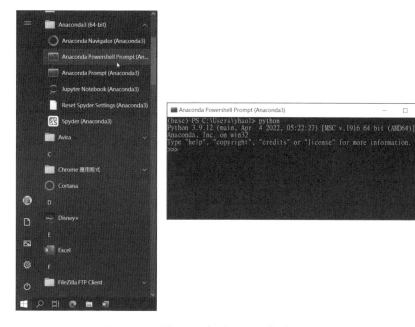

圖 1-6　查看 Python 版本

1.2.2　安裝 Jupyter 程式庫

目前，Jupyter 程式庫也是比較常用的開發環境，包括 Jupyter Notebook 和 JupyterLab。

1. Jupyter Notebook

Jupyter Notebook 是一個在瀏覽器中使用的互動式筆記本，可以實現把程式碼、文字完美結合起來，使用者大多是一些從事資料科學領域相關（機器學習、資料分析等）的人員。安裝 Python 後，可以透過「pip install jupyter」命令安裝 Jupyter Notebook，還可以透過在命令提示字元（CMD）中輸入「jupyter notebook」，啟動 Jupyter Notebook 程式。

開始程式設計前需要先說明一個概念，Jupyter Notebook 有一個工作空間（工作目錄）的概念，也就是使用者想在哪一個目錄進行程式設計。啟動 Jupyter Notebook 後會在瀏覽器中自動打開 Jupyter Notebook 視窗，如圖 1-7 所示，使用者可以在該視窗進行程式碼的編寫和執行。

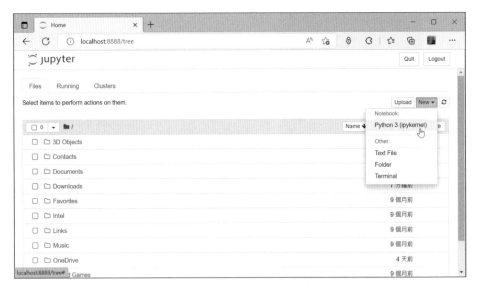

圖 1-7　Jupyter-Notebook 介面

2. JupyterLab

JupyterLab 是 Jupyter Notebook 的最新一代產品，它整合了更多功能，是使用 Python（R、Julia、Node 等其他語言的核心）進行程式碼示範、資料分析、資料視覺化等的工具，對於 Python 的愈加流行和在 AI 領域的領導地位發揮了很大的作用，它是本書預設使用的程式碼開發工具。

JupyterLab 的安裝比較簡單，只需要在命令提示字元模式（CMD）中輸入「pip install jupyterlab」命令即可，它會繼承 Jupyter Notebook 的配置，如位址、埠號、密碼等。啟動 JupyterLab 的方式也很簡單，只需要在命令提示字元中輸入「jupyter lab」命令即可。

JupyterLab 程式啟動後瀏覽器會自動打開程式設計視窗，如圖 1-8 所示。我們可以看到，JupyterLab 視窗的左側是存放筆記本的工作路徑，右側是要建立的筆記本型別，包括 Notebook 和 Console，還可以建立 Text File、Markdown File、Show Contextual Help 等其他型別的檔案。

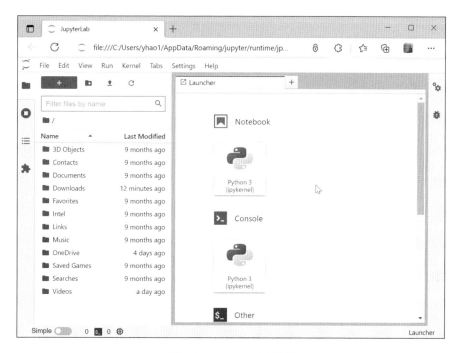

圖 1-8　JupyterLab 視窗

1.2.3　程式庫管理工具 pip

在實際工作中，pip 是最常用的 Python 第三方協力廠商程式庫管理工具，下面介紹一下如何透過 pip 進行協力廠商程式庫的安裝、更新、移除卸載等操作。

安裝單一個第三方協力廠商程式庫的命令如下：

```
pip install packages
```

安裝多個程式庫，需要將程式庫的名字用空格隔開，命令如下：

```
pip install package_name1 package_name2 package_name3
```

安裝指定版本的程式庫，命令如下：

```
pip install package_name==版本號
```

當要安裝一系列程式庫時，如果寫成命令可能也比較麻煩，可以把要安裝的程式庫名稱及版本號，寫到一個文字檔中。例如，文字檔的內容與格式如下：

```
alembic==0.8.6
bleach==1.4.3
click==6.6
dominate==2.2.1
Flask==0.11.1
Flask-Bootstrap==3.3.6.0
Flask-Login==0.3.2
Flask-Migrate==1.8.1
Flask-Moment==0.5.1
Flask-PageDown==0.2.1
Flask-Script==2.0.5
```

然後使用 -r 參數安裝文字檔下的程式庫：

```
pip install -r 文字檔名稱
```

查看可升級的協力廠商程式庫的命令如下：

```
pip list -o
```

更新協力廠商程式庫的命令如下：

```
pip install -U package_name
```

使用 pip 工具，可以很方便地卸載移除協力廠商程式庫，若要卸載移除單一個程式庫的命令如下：

```
pip uninstall package_name
```

批次卸載移除多個程式庫的命令如下：

```
pip uninstall package_name1 package_name2 package_name3
```

卸載移除一系列程式庫的命令如下：

```
pip uninstall -r 文字檔名稱
```

此外，在 JupyterLab 中也可以很方便地使用 pip 工具，在 JupyterLab 視窗中按一下「Console」控制台，如圖 1-9 所示。

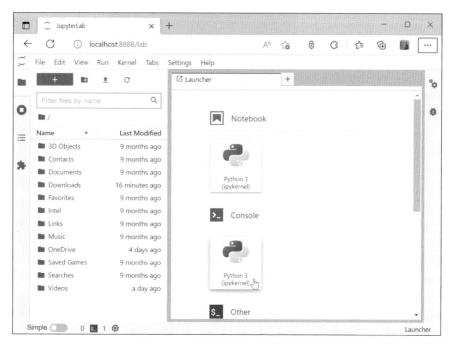

圖 1-9 按一下「Console」控制台

然後，在下方的程式碼輸入區域輸入對應的程式碼，也可以使用 pip 安裝、更新和卸載移除協力廠商程式庫。

1.3 本書隨附的程式和相關範例檔案

請連到 http://books.gotop.com.tw/v_ACL067400 下載本書隨附的範例相關檔案，並解壓縮到您的電腦硬碟中，其展開的目錄結構正如本書的各個章節，從 ch01、ch02…到 ch16，分別對應本書各個章節。各章目錄中會有一個由 Jupyter Notebook 執行該章程式的檔案，其副檔名是「.ipynb」，可利用下列操作來開啟取用。

1. 請開啟 Jupyter Notebook 的瀏覽器開發互動環境（在命令提示字元模式-CMD）中輸入「jupyter notebook」，或直接由 Windows 的「開始」功能表展開「Anaconda3(64-bit)」，選取「Jupyter Notebook(Anaconda3)」指令）。

2. 按下「Upload」鈕，切換到前面解壓縮到您電腦中的本書隨附範例檔的目錄所在，選取該目錄將本書所有章節的相關範例檔案都上傳到 Jupyter Notebook 的開發互動環境的工作目錄內。

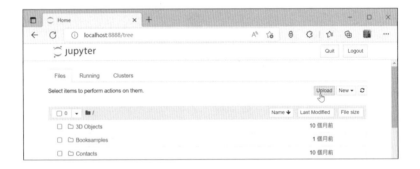

NOTE

您也可以直接把下載的本書隨附壓縮檔解壓縮到 jupyter 的工作目錄（系統安裝時預設為「C:\Users\username」），這樣在開啟 jupyter 時就會看到您所解壓縮的目錄，其效果與上一步驟 Upload 的作用相同。

3. 隨後會在 Files 標籤的目錄清單中看到剛才上傳的本書隨附檔案目錄「Python+Office-samples」，點按展開此目錄後就會看到本書各章節的子目錄，例如，若您想要取用第三章的相關檔案，可點按 ch03，隨即可看到配合該章內容會用到所有的檔案了。

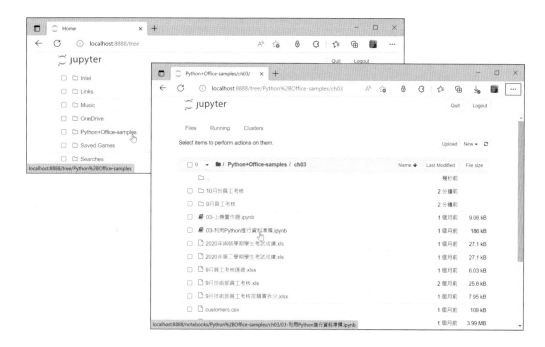

4. 其中副檔名是「.ipynb」的檔案為該章主要的實測程式碼內容，例如您可以點按 ch03 的「03-利用 Python 進行資料準備.ipynb」檔，會開啟其中所有程式碼和執行結果。

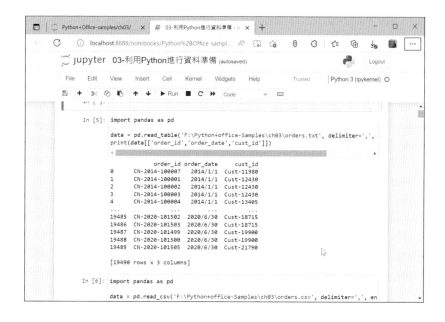

5. 若您想取用其中程式碼，可選取再配合複製和貼上就能取用。若您想修改程式碼內容也能直接修改，然後再按下上方「Run」按鈕測試執行。

6. 讀者也可回到剛才開啟的 Jupyter Notebook 視窗，在右側「New」一個 Python 3(pykernel)，然後自行輸入書中的程式碼來執行，或是利用前面開啟的 .ipynb 檔，從中選取複製其中程式碼到自己的 Python 3(pykernel) 的「In[]:」方塊中貼上，再按下上方的 Run 鈕執行。

1.4 上機實作題

練習 1：安裝最新版本的 Anaconda，並查看 Python 版本資訊。

練習 2：安裝和配置 Jupyter 程式庫，並正常打開 JupyterLab 視窗。

練習 3：使用 pip 更新資料處理和資料分析中常用的 Pandas 程式庫。

第 2 章
Python 程式設計基礎

Python 是一種電腦程式設計語言,與我們日常使用的自然語言有所不同。最大的區別就是自然語言在不同的語境下有不同的理解,而電腦根據程式設計語言來執行任務,就必須保證程式設計語言寫出的程式決不能有歧義。本章將詳細介紹 Python 程式設計基礎,包括 Python 資料型別、Python 基礎語法、Python 常用高階函數和 Python 程式設計技巧等。

2.1　Python 資料型別

2.1.1　數值

Python 中的數值（Number）型別用於儲存數值，主要有整數型別（int）和浮點型別（float）兩種。需要注意的是，數值型別變數的值是不可變的，如果改變數值型別變數的值，則會重新分配記憶體空間。例如，資料分析師小王統計匯總今天商品匯總的訂單量是 899 件，輸入程式碼如下：

```
order_volume = 899
```

但是，經理需要的不是匯總的訂單量，而是商品的有效訂單量。由於還有部分客戶購買商品後又進行了退單（共計 8 件退單），因此需要減去 8 件退單，輸入有效訂單量的程式碼如下：

```
order_volume = 891
```

執行上述程式碼後，現在變數 order_volume 的數值就是有效商品的訂單量 891 件，而不再是前面輸入的 899 件，程式碼如下：

```
order_volume
```

程式碼輸出結果如下所示。

```
891
```

Python 中有豐富的函數，包括數學函數、亂數函數、三角函數等，表 2-1 列舉了一些常用的數學函數。

表 2-1　常用的數學函數

序號	函數名稱	説明
1	ceil(x)	返回數字向上取整數，如 math.ceil(4.1) 的返回值為 5
2	exp(x)	返回 e 的 x 次冪(e^x)，如 math.exp(1) 的返回值為 2.718281828459045
3	fabs(x)	返回數字的絕對值，如 math.fabs(-10) 的返回值為 10.0
4	floor(x)	返回數字向下取整數，如 math.floor(4.9) 的返回值為 4
5	log(x)	例如 math.log(math.e) 的返回值為 1.0，math.log(100,10) 的返回值為 2.0

序號	函數名稱	說明
6	log10(x)	返回以 10 為基數的 x 的對數，如 math.log10(100) 的返回值為 2.0
7	modf(x)	返回 x 的整數部分與小數部分，數值符號與 x 相同
8	pow(x, y)	返回 x^y 運算後的值
9	sqrt(x)	返回 x 的平方根

下面透過案例介紹數學函數的用法，例如，我們要返回數值 -12.439 的整數部分和小數部分。Python 數學運算的常用函數基本都在 math 模組中，因此首先需要匯入 math 模組，然後使用 modf() 函數提取整數部分和小數部分。

透過下面程式碼可以看出：-12.439 的小數部分是 -0.43900000000000006，整數部分是 -12.0。

```
import math
math.modf(-12.439)
```

程式碼輸出結果如下所示。

```
(-0.43900000000000006, -12.0)
```

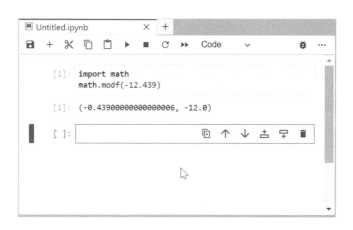

NOTE

這裡的小數部分不是 -0.439。這是因為 Python 預設的是數值運算，而不是符號運算，其中數值運算是近似運算，而符號運算則是絕對精確的運算，這裡就不再詳細介紹兩者之間的差異，如果讀者想深入瞭解，那麼可以上網查閱相關的資料。

2.1.2　字串

字串（String）是 Python 最常用的資料型別。我們可以使用英文輸入法下的兩個單引號（'）或雙引號（"）來建立字串，字串可以是英文、中文或中文英文的混合。例如，建立兩個字串 str1 和 str2，程式碼如下所示：

```
str1 = 'Hello Python!'
str2 = "你好 Python!"
```

查看字串 str1，程式碼如下所示：

```
str1
```

程式碼輸出結果如下所示。

```
'Hello Python!'
```

查看字串 str2，程式碼如下：

```
str2
```

程式碼輸出結果如下所示。

```
'你好 Python!'
```

在 Python 中，可以透過「＋」來進行字串之間的拼接，輸入以下程式碼：

```
str3 = str1 + " My name is Wren!"
```

查看字串 str3，程式碼如下所示：

```
str3
```

程式碼輸出結果如下所示。

```
'Hello Python! My name is Wren!'
```

在字串中，我們可以透過索引編號獲取字串中的字元，遵循「左閉右開」的原則。需要注意的是，索引編號是從 0 開始的。例如，截取字串 str1 的前 5 個字元，程式碼如下所示：

```
str1[:5]
```

或者

```
str1[0:5]
```

程式碼輸出結果如下所示。

```
'Hello'
```

我們可以看出，程式輸出字串 str1 中的前 5 個字元「Hello」，索引分別對應 0、1、2、3、4。原字串中每個字元所對應的索引編號如表 2-2 所示。

表 2-2　字串索引號

原字串	H	e	l	l	o		P	y	t	h	o	n	!
正向索引	0	1	2	3	4	5	6	7	8	9	10	11	12
反向索引	-13	-12	-11	-10	-9	-8	-7	-6	-5	-4	-3	-2	-1

此外，還可以使用反向索引，實現上述同樣的需求，但是索引位置會有變化，分別對應 -13、-12、-11、-10、-9，程式碼如下：

```
str1[-13:-8]
```

程式碼輸出結果如下所示。

```
'Hello'
```

同理，我們也可以截取原字串中的「Python」子字串，索引的位置是 6～12（包含 6 但不包含 12），程式碼如下：

```
str1[6:12]
```

程式碼輸出結果如下所示。

```
'Python'
```

Python 提供了方便靈活的字串運算操作，表 2-3 列出了可以用於字串運算操作的運算子。

表 2-3 字串運算子

序號	運算子	說明
1	+	字元串連接
2	*	重複輸出字串
3	[]	透過索引獲取字串中的字元
4	[:]	截取字串中的一部分，遵循「左閉右開」的原則
5	in	成員運算子，如果字串中包含指定的字元，則返回值為 True
6	not in	成員運算子，如果字串中不包含指定的字元，則返回值為 True
7	r/R	原始字串，所有的字串都是直接按照字面的意思來輸出的
8	%	格式字串

下面以成員運算子為例介紹字串運算子。例如，我們需要判斷「Python」是否在字串變數 str1 中，程式碼如下：

```
'Python' in str1
```

程式碼輸出結果如下所示。

```
True
```

輸出結果為 True，即「Python」在字串變數 str1 中，如果不存在則輸出結果為 False。

2.1.3 串列

串列（List）是最常用的 Python 資料型別，使用中括號（方括號）表示，資料項目之間使用逗號分隔。注意串列中的資料項目不需要具有相同的型別。例如，建立 3 個企業商品有效訂單的串列，程式碼如下所示：

```
list1 = ['order_region', 2019, 2020]
list2 = [289, 258, 191, 153]
list3 = ["order_south", "order_north", "order_east", "order_west"]
```

執行上述程式碼會建立 3 個串列，查看串列 list1，程式碼如下所示：

```
list1
```

程式碼輸出結果如下所示。

```
['order_region', 2019, 2020]
```

查看串列 list2，程式碼如下所示：

```
list2
```

程式碼輸出結果如下所示。

```
[289, 258, 191, 153]
```

查看串列 list3，程式碼如下所示：

```
list3
```

程式碼輸出結果如下所示。

```
['order_south', 'order_north', 'order_east', 'order_west']
```

串列的索引與字串的索引一樣，也是從 0 開始的，也可以進行截取、組合等操作。例如，我們從串列 list3 中截取索引從 1 到 3，但不包含索引為 3 的字串，程式碼如下所示：

```
list3[1:3]
```

程式碼輸出結果如下所示。

```
['order_north', 'order_east']
```

可以對串列的資料項目進行修改或更新，首先查看索引為 1 位置的數值，程式碼如下所示：

```
list1[1]
```

程式碼輸出結果如下所示。

```
2019
```

然後修改串列 list1 中索引為 1 位置的數值，如將其修改為「2019 年」，程式碼如下所示：

```
list1[1] = '2019 年'
list1
```

程式碼輸出結果如下所示。

```
['order_region', '2019 年', 2020]
```

可以使用 del 陳述句來刪除串列中的元素，程式碼如下所示：

```
del list1[1]
list1
```

程式碼輸出結果如下所示。

```
['order_region', 2020]
```

也可以使用 append() 方法在尾部新增串列項，程式碼如下所示：

```
list1.append(2021)
list1
```

程式碼輸出結果如下所示。

```
['order_region', 2020, 2021]
```

此外，還可以使用 insert() 方法在中間插入新的串列項目，程式碼如下：

```
list1.insert(1,2019)
list1
```

程式碼輸出結果如下所示。

```
['order_region', 2019, 2020, 2021]
```

2.1.4 元組

Python 的元組（Tuple 也有人譯作多元組）與串列類似，不同之處在於元組的元素不能被修改。需要注意的是，元組使用的是小括弧，而串列使用的是中括號（方括號）。建立元組很簡單，只需要在括弧中新增元素，並使用逗號隔開即可。例如，建立 3 個企業商品有效訂單的元組，程式碼如下所示：

```
tup1 = ('order_region', 2019, 2020)
tup2 = (289, 258, 191, 153)
tup3 = ("order_south", "order_north", "order_east", "order_west")
```

執行上述程式碼會建立 3 個元組，若要查看元組 tup1 的內容，程式碼如下：

```
tup1
```

程式碼輸出結果如下所示。

```
('order_region', 2019, 2020)
```

查看元組 tup2，程式碼如下所示：

```
tup2
```

程式碼輸出結果如下所示。

```
(289, 258, 191, 153)
```

查看元組 tup3，程式碼如下所示：

```
tup3
```

程式碼輸出結果如下所示。

```
('order_south', 'order_north', 'order_east', 'order_west')
```

當元組中只含有一個元素時，需要在元素後面加上逗號，程式碼如下：

```
tup4 = (2021,)
tup4
```

程式碼輸出結果如下所示。

```
(2021,)
```

如果沒有加上逗號，這裡的括弧會被當作運算子使用，程式碼如下：

```
tup5 = (2021)
tup5
```

程式碼輸出結果如下所示。

```
2021
```

元組的索引編號與字串的索引編號一樣，也是從 0 開始的，也可以進行截取、組合等操作。例如，我們從元組 tup3 中截取索引從 1 到 3，但不包含索引為 3 的元素，程式碼如下所示：

```
tup3[1:3]
```

程式碼輸出結果如下。

```
('order_north', 'order_east')
```

在 Python 中，也可以透過「+」完成元組的連接，運算後會生成一個新的元組，程式碼如下所示：

```
tup6 = tup1 + tup4
tup6
```

程式碼輸出結果如下所示。

```
('order_region', 2019, 2020, 2021)
```

元組中的元素是不允許被修改和刪除的。例如，修改元組 tup6 中第 4 個元素的數值，程式碼如下所示：

```
tup6[3] = 2022
```

執行上述程式碼會產生如下所示的錯誤訊息。

```
--------------------------------------------------------------------
TypeError                  Traceback (most recent call last)
<ipython-input-40-4dca61632e74> in <module>
----> 1 tup6[3] = 2022
TypeError: 'tuple' object does not support item assignment
```

2.1.5　集合

集合（Set）是一個無序的不重複元素序列，可以使用大括弧「{}」或 set( ) 函數建立。需要注意的是，建立一個空集合，必須使用 set( ) 函數，因為大括弧「{}」是用來建立一個空字典的。建立集合的語法格式如下：

```
parame = {value01, value02, ...}
```

或者

```
set(value)
```

下面以客戶購買商品為例介紹集合的去除重複功能。假設某客戶在 10 月購買了 6 次商品，分別是紙張、椅子、器具、配件、收納具、配件，這裡有重複的商品，我們可以借助集合刪除重複值，程式碼如下所示：

```
order_oct = {'紙張','椅子','器具','配件','收納具','配件'}
order_oct
```

程式碼輸出結果如下所示。

```
{'器具', '收納具', '椅子', '紙張', '配件'}
```

執行上述程式碼之後，可以看出已經刪除了重複值，只保留了 5 種不同型別的商品名稱。

同理，該客戶在 11 月購買了 4 次商品，分別是裝訂機、椅子、器具、配件，程式碼如下所示：

```
order_nov = {'裝訂機','椅子','器具','配件'}
order_nov
```

程式碼輸出結果如下所示。

```
{'器具', '椅子', '裝訂機', '配件'}
```

可以快速判斷某個元素是否在某個集合中。例如，判斷該客戶在 10 月是否購買了「配件」，程式碼如下所示：

```
'配件' in order_oct
```

程式碼輸出結果如下所示。

```
True
```

此外，Python 中的集合與數學上的集合概念很類似，也有交集、聯集、差集和補集，集合之間關係的思維圖如圖 2-1 所示。

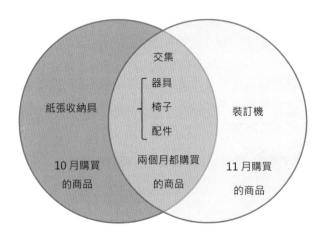

圖 2-1　集合之間關係的思維圖

集合交集的運用。例如，統計該客戶在 10 月和 11 月所購買的重複商品，程式碼如下所示：

```
order_oct & order_nov
```

程式碼輸出結果如下所示。

```
{'器具', '椅子', '配件'}
```

集合聯集的運用。例如，統計該客戶在 10 月和 11 月購買的所有商品，程式碼如下所示：

```
order_oct | order_nov
```

程式碼輸出結果如下所示。

```
{'器具', '收納具', '椅子', '紙張', '裝訂機', '配件'}
```

集合差集的運用。例如，統計該客戶在 10 月和 11 月所購買的不重複商品，程
式碼如下所示：

```
order_oct ^ order_nov
```

程式碼輸出結果如下所示。

```
{'收納具', '紙張', '裝訂機'}
```

集合補集的運用。例如，統計該客戶在 10 月購買，而在 11 月沒有購買的商
品，程式碼如下所示：

```
order_oct - order_nov
```

程式碼輸出結果如下所示。

```
{'收納具', '紙張'}
```

2.1.6　字典

字典（Dictionary）是另一種可變容器模型，並且可以儲存任意型別物件。字
典的每個「鍵」和「值」用冒號分隔，每個「鍵-值」對之間用逗號分隔，整
個字典包括在大括弧中，語法格式如下：

```
dict = {key1:value1, key2:value2}
```

需要注意的是，「鍵-值」對中的鍵必須是唯一的，但是值可以不是唯一的，且
數值可以取任何資料型別，但「鍵」必須是不可變的，如字串或數字，程式碼
如下所示：

```
dict1 = {'order_volume': 291}
dict2 = {'order_volume': 291, 2020:3}
dict3 = {'order_south':289,'order_north':258,'order_east':191,'order_west':153}
```

執行上述程式碼後會建立 3 個字典，查看字典 dict1，程式碼如下：

```
dict1
```

程式碼輸出結果如下所示。

```
{'order_volume': 291}
```

查看字典 dict2，程式碼如下所示：

```
dict2
```

程式碼輸出結果如下所示。

```
{'order_volume': 291, 2020: 3}
```

查看字典 dict3，程式碼如下所示：

```
dict3
```

程式碼輸出結果如下所示。

```
{'order_south': 289, 'order_north': 258, 'order_east': 191, 'order_west': 153}
```

在 Python 中存取字典裡的值時，要把對應的鍵放入中括號內。例如，讀取字典 dict3 中鍵為「order_north」的值，程式碼如下所示：

```
dict3['order_north']
```

程式碼輸出結果如下所示。

```
258
```

在 Python 中，如果字典裡沒有該「鍵」就會回報錯誤，執行程式碼如下：

```
dict3['order_southeast']
```

會輸出的錯誤資訊如下所示。

```
-------------------------------------------------------------------
KeyError                        Traceback (most recent call last)
<ipython-input-20-88c91a4f85ec> in <module>
----> 1 dict3['order_southeast']
KeyError: 'order_southeast'
```

在 Python 中，向字典新增新內容的方法是增加新的「鍵-值」對，修改已有「鍵-值」對，例如，向字典 dict2 中新增鍵「order_sales」，程式碼如下：

```
dict2['order_sales'] = 6965.18
dict2[2020] = 4
dict2
```

程式碼輸出結果如下所示。

```
{'order_volume': 291, 2020: 4, 'order_sales': 6965.18}
```

在 Python 中，既能夠刪除字典中的單一元素，也能夠清空和刪除字典。例如，首先刪除字典 dict2 中的鍵「2020」，程式碼如下所示：

```
del dict2[2020]
dict2
```

程式碼輸出結果如下所示。

```
{'order_volume': 291, 'order_sales': 6965.18}
```

然後清空字典 dict2，程式碼如下所示：

```
dict2.clear()
dict2
```

程式碼輸出結果如下所示。

```
{}
```

最後刪除字典 dict2，並查看字典 dict2，程式碼如下：

```
del dict2
dict2
```

程式碼輸出結果如下所示,由於已刪除掉字典,所以回報錯誤訊息提示字典沒有被定義。

```
------------------------------------------------------------------------
NameError                          Traceback (most recent call last)
<ipython-input-32-522e1a9638e7> in <module>
----> 1 dict2
NameError: name 'dict2' is not defined
```

2.2 Python 基礎語法

2.2.1 基礎語法:行與內縮

Python 使用空格來組織程式碼的層級結構,而且一般使用 4 個空格(英文半形狀態),但 R、C++、Java 和 Perl 等其他語言使用的是括弧。例如,使用 for 迴圈運算 1 到 100 所有整數的總和,程式碼如下所示:

```
sum = 0
for i in range(1,101):
    sum = sum + i
print(sum)
```

程式碼輸出結果如下所示。

```
5050
```

> **NOTE**
>
> Python 中的內縮空格數是可變的,一般都是空 4 格,且在同一個程式碼區塊中必須包含相同數量的內縮空格。

在 Python 中,通常一行只編寫一條陳述句,如果編寫多條陳述句就需要使用分號(;)分隔。此外,如果陳述句很長,還可以使用反斜線(\)來表示換行,但是在 []、{} 或 () 中的多行陳述句不需要使用反斜線,範例程式碼如下:

```
order_south = 289; order_north = 258; order_east = 191; order_west = 153
order_total = order_south + order_north + \
              order_east + order_west
region = ["order_south", "order_north",
          "order_east", "order_west"]
```

2.2.2　條件陳述式：if 及 if 巢狀嵌套

我們在前文看到的程式碼都是按照循序執行的，也就是先執行第 1 條陳述句，然後是第 2 條陳述句、第 3 條陳述句……一直到最後一條陳述句，這被稱為循序結構（或稱順序結構）。

但是對於很多情況，循序結構的程式是遠遠不夠的，比如一個程式限制了只能成年人使用，兒童因為年齡偏小沒有權限使用。這時程式就需要做出判斷，看使用者是否是成年人，並列出提示。

在 Python 中，可以使用 if…else 陳述句對條件進行判斷，然後根據不同的結果執行不同的程式碼，這被稱為選擇結構或分支結構。

Python 中的 if…else 陳述句可以細分為以下 3 種形式，分別是 if 陳述句、if…else 陳述句和 if 巢狀嵌套陳述句，它們的執行流程如圖 2-2 至圖 2-4 所示。

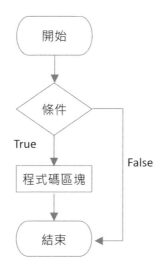

圖 2-2　if 陳述句的執行流程

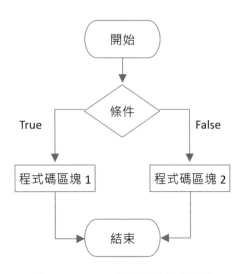

圖 2-3　if…else 陳述句的執行流程

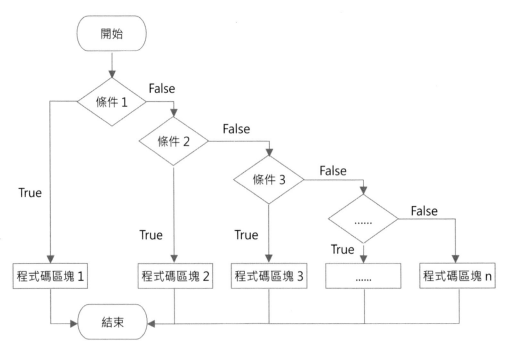

圖 2-4　if 巢狀嵌套陳述句的執行流程

例如，在考試中，通常會將成績劃分為幾個等級，這裡就可以使用 if 巢狀嵌套陳述句來達成，程式碼如下所示：

```
score = 93

if score < 60:
    print("不及格")
else:
    if score <= 75:
        print("一般")
    else:
        if score <= 85:
            print("良好")
        else:
            print("優秀")
```

程式碼輸出結果如下所示。

```
優秀
```

當然這個需求還有很多實作的方法，這裡就不再逐一列舉了。

2.2.3　迴圈陳述句：while 與 for

在 Python 中，while 迴圈陳述句和 if 條件分支陳述句類似，即在條件（運算式）為真的情況下，會執行對應的程式碼區塊。不同之處在於，只要條件為真，while 就會一直重複執行程式碼區塊。

while 迴圈陳述句的語法格式如下：

```
while 條件運算式：
    程式碼區塊
```

這裡的「程式碼區塊」指的是內縮層級相同的多行程式碼，不過在迴圈結構中，它又被稱為迴圈體。while 迴圈陳述句執行的具體流程為：先判斷條件運算式的值，如果其值為真（True），則執行程式碼區塊中的陳述句，當執行完畢後，再重新判斷條件運算式的值是否為真（True），若仍為真（True），則繼續重新執行程式碼區塊中的陳述句，如此循環不斷，直到條件運算式的值為假（False），才終止迴圈。while 迴圈陳述句的流程圖如圖 2-5 所示。

在 Python 中，for 迴圈陳述句使用得比較頻繁，常用於遍訪字串、串列、元組、字典、集合等序列型別，逐個獲取序列中的各個元素。

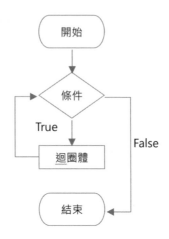

圖 2-5　while 迴圈陳述句的流程圖

for 迴圈陳述句的語法格式如下：

```
for 反覆運算變數 in 變數：
    程式碼區塊
```

其中，「反覆運算變數」用於存放從序列型別變數中讀取出來的元素，所以一般不會在迴圈中對反覆運算變數手動指定值，「程式碼區塊」指的是具有相同內縮格式的多行程式碼（和 while 迴圈陳述句一樣），由於和迴圈結構聯合運用，因此又被稱為迴圈體。for 迴圈陳述句的流程圖如圖 2-6 所示。

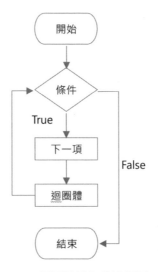

圖 2-6　for 迴圈陳述句的流程圖

下面介紹使用 while 迴圈陳述句輸出九九乘法表，程式碼如下：

```
i = 1
while i<=9:
    j = 1
    while j <= i:
        print('%d*%d=%2d\t'%(i,j,i*j),end='')
        j+=1
    print()
    i +=1
```

執行上述程式碼，輸出結果如下所示。

```
1*1= 1
2*1= 2 2*2= 4
3*1= 3 3*2= 6 3*3= 9
4*1= 4 4*2= 8 4*3=12 4*4=16
5*1= 5 5*2=10 5*3=15 5*4=20 5*5=25
6*1= 6 6*2=12 6*3=18 6*4=24 6*5=30 6*6=36
7*1= 7 7*2=14 7*3=21 7*4=28 7*5=35 7*6=42 7*7=49
8*1= 8 8*2=16 8*3=24 8*4=32 8*5=40 8*6=48 8*7=56 8*8=64
9*1= 9 9*2=18 9*3=27 9*4=36 9*5=45 9*6=54 9*7=63 9*8=72 9*9=81
```

也可以使用 for 迴圈陳述句輸出九九乘法表，程式碼如下：

```
for i in range(1, 10):
    for j in range(1, i + 1):
        print(j, '*', i, '=', i * j, end="\t")
    print()
```

當然，九九乘法表還有很多實作方法，這裡就不再進行詳細闡述了。

2.2.4　格式化：format() 函數

在 Python 中，對字串進行格式化的方式有 format() 函數和 % 兩種方法。其中，format() 函數是 Python 2.6 版本新增的一種格式化字串函數，與之前的 % 格式化相比，好處比較明顯，下面重點講解一下 format() 函數及其使用方法。

1. 利用 f-strings 進行格式化

Python 3.6 版本加入了一個新特性，即 f-strings，可以直接在字串的前面加上 f 來格式化字串。例如，輸出「2022 年 10 月台灣地區的銷售額是 61.58 萬元。」的程式碼如下所示：

```
region = '台灣'
sales = 61.58
s = f'2022 年 10 月{region}地區的銷售額是{sales}萬元。'
print(s)
```

程式碼輸出結果如下所示。

2022 年 10 月台灣地區的銷售額是 61.58 萬元。

2. 利用位置進行格式化

可以透過索引直接使用 * 號將串列打散，再透過索引位置來取值。例如，輸出「2022 年 10 月台灣地區的銷售額是 61.58 萬元，利潤額是 3.01 萬元。」的程式碼如下所示：

```
sales = ['台灣',61.58,3.01]
s = '2022 年 10 月{0}地區的銷售額是{1}萬元，利潤額是{2}萬元。'.format(*sales)
print(s)
```

程式碼輸出結果如下所示。

2022 年 10 月台灣地區的銷售額是 61.58 萬元，利潤額是 3.01 萬元。

3. 利用關鍵字進行格式化

也可以透過 ** 號將字典打散，透過鍵 key 來取值。例如，輸出「2022 年 10 月台灣地區的銷售額是 61.58 萬元，利潤額是 3.01 萬元。」的程式碼如下：

```
d = {'region':'台灣','sales':61.58,'profit':3.01}
s = '2022 年 10 月{region}地區的銷售額是{sales}萬元，利潤額是{profit}萬元。'.format(**d)
print(s)
```

程式碼輸出結果如下所示。

2022 年 10 月台灣地區的銷售額是 61.58 萬元，利潤額是 3.01 萬元。

4. 利用索引足標進行格式化

還可以利用索引足標 + 索引的方法進行格式化。例如，輸出「2022 年 10 月台灣地區銷售額是 61.58 萬元，利潤額是 3.01 萬元。」的程式碼如下：

```
sales = ['台灣',61.58,3.01]
s = '2022 年 10 月{0[0]}地區銷售額是{0[1]}萬元，利潤額是{0[2]}萬元。'.format(sales)
print(s)
```

程式碼輸出結果如下所示。

```
2022 年 10 月台灣地區銷售額是 61.58 萬元，利潤額是 3.01 萬元。
```

5. 利用精度與型別進行格式化

精度與型別可以一起使用，格式為 {:.nf}.format(數字)，其中「.n」表示保留 n 位小數，對於整數直接保留固定位數的小數。例如，輸出 3.1416 和 26.00 的程式碼如下所示：

```
pi = 3.1415926
print('{:.4f}'.format(pi))

age = 26
print('{:.2f}'.format(age))
```

程式碼輸出結果如下所示。

```
3.1416
26.00
```

6. 利用千分位分隔符號進行格式化

"{:,}".format() 函數中的冒號加逗號，表示可以將一個數字每三位就用逗號進行分隔。例如，輸出「123,456,789」的程式碼如下所示：

```
print("{:,}".format(123456789))
```

程式碼輸出結果如下所示。

```
123,456,789
```

2.3 Python 常用高階函數

在 Python 中，高階函數的抽象能力是非常強大的，如果使用者在程式碼中善於利用這些高階函數，則可以使程式碼變得簡潔明瞭。

2.3.1 map() 函數：陣列反覆運算

Python 內建了 map() 函數，該函數可以接收兩個參數：一個是函數，另一個是迭代器（Iterator），map() 函數將傳入的函數依次作用到序列的每一個元素上，並把結果作為新的迭代器（Iterator）返回。

例如，求一個數值型串列中各個數值的 3 次方，返回的還是串列，就可以使用 map() 函數實作，程式碼如下所示：

```python
def f(x):
    return x**3
r = map(f, [1, 2, 3, 4, 5, 6, 7, 8, 9])
list(r)
```

程式碼輸出結果如下所示。

```
[1, 8, 27, 64, 125, 216, 343, 512, 729]
```

map() 函數傳入的第 1 個參數是 f，即函數物件本身。由於結果 r 是一個迭代器，迭代器是惰性序列，因此還要透過 list() 函數運算整個序列，並返回一個串列。

其實，這裡可以不需要使用 map() 函數，編寫一個迴圈也可以實作該項功能，程式碼如下所示：

```python
def f(x):
    return x**3
S = []
for i in [1, 2, 3, 4, 5, 6, 7, 8, 9]:
    S.append(f(i))
print(S)
```

程式碼輸出結果如下所示。

```
[1, 8, 27, 64, 125, 216, 343, 512, 729]
```

所以，map() 函數作為高階函數，它把運算規則抽象化。因此，我們不但可以運算簡單的 f(x)=x**3，還可以運算任意複雜的函數。例如，把串列中所有的數位轉為字串，程式碼如下所示：

```
list(map(str,[1, 2, 3, 4, 5, 6, 7, 8, 9]))
```

程式碼輸出結果如下所示。

```
['1', '2', '3', '4', '5', '6', '7', '8', '9']
```

從輸出可以看出，串列中所有的數字都被轉為了字串。

2.3.2　reduce() 函數：序列累積

reduce() 函數可以接收 3 個參數：一個函數 f()、一個串列 list、一個可選的初始值，初始值的預設值是 0，reduce() 函數傳入的函數 f() 必須接收兩個參數，對串列（list）的每個元素反覆呼叫 f() 函數，並返回最終運算結果。

例如，運算串列 [1, 2, 3, 4, 5] 中所有數值的和，初始值是 100，程式碼如下：

```
from functools import reduce

list_a = [1,2,3,4,5]

def fn(x, y):
    return x + y

total = reduce(fn,list_a,100)
print(total)
```

程式碼輸出結果如下所示。

```
115
```

此外，還可以使用 lambda() 函數進一步簡化程式，程式碼如下：

```
from functools import reduce
```

```
list_a = [1,2,3,4,5]

total = reduce(lambda x,y:x+y ,list_a,100)
print(total)
```

程式碼輸出結果如下所示。

```
115
```

2.3.3　filter() 函數：數值過濾

Python 內建的 filter() 函數用於過濾序列，與 map() 函數的作用類似，filter() 函數也需要接收一個函數和一個序列。與 map() 函數作用不同的是，filter() 函數把傳入的函數依次作用於每一個元素，然後根據返回值是 True 還是 False 決定保留還是丟棄該元素。

例如，利用 filter() 函數過濾出 1～100 中平方根是整數的數，程式碼如下：

```
import math

def is_sqr(x):
    return math.sqrt(x) % 1 == 0

print(list(filter(is_sqr, range(1, 101))))
```

程式碼輸出結果如下所示。

```
[1, 4, 9, 16, 25, 36, 49, 64, 81, 100]
```

其中，math.sqrt() 是求平方根函數。

此外，filter() 函數還可以處理缺失值。例如，將一個序列中的空字串全部刪除，程式碼如下所示：

```
def region(s):
    return s and s.strip()

list(filter(region, ['台北','','台中',None,'台南','  ']))
```

程式碼輸出結果如下所示。

```
['台北', '台中', '台南']
```

從輸出結果可以看出，使用 filter() 函數，關鍵在於正確選擇一個篩選函數。

> **NOTE**
>
> filter() 函數返回的是一個迭代器（Iterator），也就是一個惰性序列，運算結果都需要使用 list() 函數獲得所有結果並返回串列。

2.3.4 sorted() 函數：串列排序

排序也是在程式中經常用到的演算法。無論是使用冒泡排序還是快速排序，排序的核心是比較兩個元素的大小。如果是數字，則可以直接比較。如果是字串或兩個字典，則直接比較數學上的大小是沒有意義的。因此，比較的過程必須透過函數抽象出來。

Python 內建的 sorted() 函數就可以對串列進行排序，程式碼如下：

```
sorted([12, 2, -2, 8, -16])
```

程式碼輸出結果如下所示。

```
[-16, -2, 2, 8, 12]
```

此外，sorted() 函數也是一個高階函數，可以接收一個 key() 函數來實現自訂的排序。例如，按絕對值大小進行排序，程式碼如下：

```
sorted([12, 2, -2, 8, -16],key=abs)
```

程式碼輸出結果如下所示。

```
[2, -2, 8, 12, -16]
```

key 指定的函數將作用於串列中的每一個元素，並根據 key() 函數返回的結果進行排序。

我們再看一個字串排序的範例，程式碼如下所示：

```
sorted(['Month', 'year', 'Day', 'hour'])
```

程式碼輸出結果如下所示。

```
['Day', 'Month', 'hour', 'year']
```

在預設情況下，對字串排序是按照 ASCII 碼值的大小進行排序的，大寫字母會排列在小寫字母的前面。

現在，我們提出排序時忽略字母大小寫，按照字母順序排序。要實現這個演算法，不必對現有程式碼大加改動，只需要使用一個 key() 函數把字串映射為忽略字母大小寫的排序即可。忽略字母大小寫來比較兩個字串，實際上就是先把字串都變成大寫字母（或都變成小寫字母），再比較。

這樣，我們在 sorted() 函數中傳入 key() 函數，即可實現忽略字母大小寫的排序，程式碼如下所示：

```
sorted(['Month', 'year', 'Day', 'hour'],key=str.lower)
```

程式碼輸出結果如下所示。

```
['Day', 'hour', 'Month', 'year']
```

要進行反向排序，不必修改 key() 函數，可以傳入第 3 個參數 reverse=True，程式碼如下所示：

```
sorted(['Month', 'year', 'Day', 'hour'], key=str.lower, reverse=True)
```

程式碼輸出結果如下所示。

```
['year', 'Month', 'hour', 'Day']
```

2.4　Python 程式設計技巧

2.4.1　Tab 鍵自動補全程式

JupyterLab 與 Spyder、PyCharm 等互動運算分析環境一樣，都有 Tab 鍵補全功能，在 Shell 模式中輸入運算式，按下鍵盤上的 Tab 鍵，會搜尋已經輸入的變數（物件、函數等）。

舉例來說，輸入在 2022 年企業的總銷售額為「6965.18」萬元，變數名稱為 order_sales。

```
order_sales = 6965.18
```

再輸入在 2022 年企業的總利潤額為「28.39」萬元，變數名稱為 order_profit。

```
order_profit = 28.39
```

在 JupyterLab 中輸入「order」，然後按下鍵盤上的 Tab 鍵，就會彈出相關的變數，即可自動補全變數，如圖 2-7 所示。

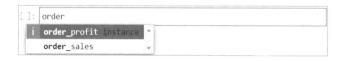

圖 2-7　自動補全變數

可以看出，JupyterLab 呈現之前定義的變數及函數等，可以根據需要選擇。當然，也可以補全任何物件的方法和屬性。例如，企業在 2022 年不同區域的銷售額的變數名為 order_volume，在 JupyterLab 中輸入「order_volume」，然後按下鍵盤上的 Tab 鍵，就會彈出相關的函數，即可用上下鍵選取自動補全函數，如圖 2-8 所示。

```
order_volume = [289, 258, 191, 153]
```

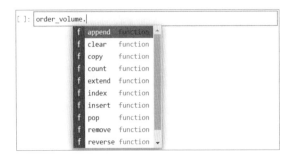

圖 2-8　自動補全函數

2.4.2　多個變數的數值交換

如果我們需要交換變數 a 和 b 中的內容，則可以定義一個臨時變數 temp，先將變數 a 的值指定值給臨時變數 temp，再將變數 b 的值指定值給變數 a，最後將臨時變數 temp 的值指定值給變數 b，完成兩個變數值的交換。

程式碼如下所示：

```
a = 66; b = 88
temp = a
a = b
b = temp
print('a =',a)
print('b =',b)
```

程式碼輸出結果如下所示。

```
a = 88
b = 66
```

這段程式碼在 Python 中其實可以被修改為下面的簡潔形式，程式碼如下：

```
a = 66; b = 88
a, b = b, a
print('a =',a)
print('b =',b)
```

2.4.3　串列解析式篩選元素

如果我們需要把 2022 年企業各個季度的訂單串列中的數值都加上 60，則可以使用 for 迴圈陳述句來遍訪整個串列，程式碼如下所示：

```
order_volume = [289, 258, 191, 153]
for i in range(len(order_volume)):
    order_volume[i] = order_volume[i] + 60
print(order_volume)
```

程式碼輸出結果如下所示。

```
[349, 318, 251, 213]
```

上述需求還可以使用串列解析式的方法實現，程式碼如下。其中，中括號內的後半部分「for x in order_volume」是在告訴 Python 這裡需要列舉變數中的所有元素，而其中的每個元素的名字叫作 x，方括號中的前半部分「x + 60」則是將這裡的每個數值 x 加上 60。

```
order_volume = [289, 258, 191, 153]
order_volume = [x + 60 for x in order_volume]
print(order_volume)
```

程式碼輸出結果如下所示。

```
[349, 318, 251, 213]
```

串列解析式還有另外一個應用，就是篩選或過濾串列中的元素。例如，篩選出變數 order_volume 中大於 200 的資料，程式碼如下所示：

```
order_volume = [289, 258, 191, 153]
order_volume = [x for x in order_volume if x > 200]
print(order_volume)
```

程式碼輸出結果如下所示。

```
[289, 258]
```

我們可以這樣理解上述第 2 行程式碼的含義：新的串列由 x 構成，而 x 是來源於之前的變數 order_volume，並且需要滿足 if 陳述句中的條件。

2.4.4 遍訪函數

在遍訪串列時，如果希望同時得到每個元素在串列中對應的索引值，則可以使用 enumerate() 函數，它會在每一次迴圈的過程中提供兩個參數，第 1 個 i 代表串列元素的索引值，第 2 個 x 代表串列中的元素。

例如，返回串列 province 的索引值和元素，程式碼如下所示：

```
province=['台北市', '新北市', '桃園市', '台中市', '彰化市', '台南市', '高雄市']
for i, k in enumerate(province):
        print(i, k)
```

程式碼輸出結果如下所示。

```
0 台北市
1 新北市
2 桃園市
3 台中市
4 彰化市
5 台南市
6 高雄市
```

我們還可以使用 Python 內建的 sorted() 函數對串列進行排序，它會返回一個新的並經過排序後的串列，程式碼如下所示：

```
province=['台北市', '新北市', '桃園市', '台中市', '彰化市', '台南市', '高雄市']
for i, k in enumerate(sorted(province)):
        print(i, k)
```

程式碼輸出結果如下所示。

```
0 台中市
1 台北市
2 台南市
3 彰化市
4 新北市
5 桃園市
6 高雄市
```

在遍訪元素時，如果加入 reversed() 函數就可以實現反向遍訪，程式碼如下：

```
province=['台北市', '新北市', '桃園市', '台中市', '彰化市', '台南市', '高雄市']
for i, k in enumerate(reversed(province)):
        print(i, k)
```

程式碼輸出結果如下所示。

```
0  高雄市
1  台南市
2  彰化市
3  台中市
4  桃園市
5  新北市
6  台北市
```

2.4.5　split() 函數：序列分割

序列分割是 Python 3.10 版本之後才有的語法，可以使用這種方法將元素序列分割到另一組變數中。例如，變數 province 中儲存了台灣地區及其具體縣市的名稱，如果我們想要單獨提取出地區名稱和縣市名稱，並把它們分別儲存到不同的變數中，則可以利用字串物件的 split() 函數，把這個字串按冒號分割成多個字串，程式碼如下所示：

```
province = '台灣地區：台北市, 新北市, 桃園市, 台中市, 彰化市, 台南市, 高雄市'
region, province_south = province.split('：')
print(region)
print(province_south)
```

程式碼輸出結果如下所示。

```
台灣地區
台北市, 新北市, 桃園市, 台中市, 彰化市, 台南市, 高雄市
```

上述程式碼直接將 split() 函數返回的串列中的元素指定值給變數 region 和變數 province_south。這種方法並不會只限於串列和元組，而是適用於任意的序列，甚至包括字串序列。只要設定運算子左邊的變數數目與序列中的元素數目相等即可。

分割的運用還可以利用「＊」運算式獲取單個變數中的多個元素，只要它的解釋沒有歧義即可，「＊」運算式獲取的值預設為串列，程式碼如下：

```
a, b, *c = 7.05, 5.66, 4.11, 6.18, 3.09, 2.81
print(a)
print(b)
print(c)
```

程式碼輸出結果如下所示。

```
7.05
5.66
[4.11, 6.18, 3.09, 2.81]
```

上述程式碼獲取的是右側的剩餘部分，還可以獲取中間部分，程式碼如下：

```
a, *b, c = 7.05, 5.66, 4.11, 6.18, 3.09, 2.81
print(a)
print(b)
print(c)
```

程式碼輸出結果如下所示。

```
7.05
[5.66, 4.11, 6.18, 3.09]
2.81
```

2.5　上機實作

練習 1：統計某字串中英文、空格、數字和其他字元的個數。

提示：利用迴圈來處理。

```
while i < len(s):
    c = s[i]
    i += 1
    if c.isalpha():
        letters += 1
    elif c.isspace():
        space += 1
    elif c.isdigit():
        digit += 1
    else:
        others += 1…
```

練習 2：利用串列解析式過濾出 1～200 中平方根是整數的數。

提示：

```
[x for x in range(1,200) if math.sqrt(x)%1==0]
```

練習 3：使用 translate() 函數去掉字串中的數字且其他不改動。

提示：

```
#語法：string.translate(table)
s = 'a12 b34 c56 d78 e90'
remove_digits = str.maketrans('','',digits)
res = s.translate(remove_digits)
```

第 3 章
利用 Python 進行資料準備

在實際的專案中，我們需要從不同的資料來源中提取資料，進行準確性檢查、轉換和合併整理，並載入資料庫，從而供應用程式分析和應用，這一過程就是資料準備。資料只有經過清洗、貼標籤、注釋和準備後，才能成為寶貴的資源。本章將詳細介紹使用 Python 進行資料準備的方法，包括資料的讀取、索引、切片、刪除、排序、聚合、交叉透視、合併等。

3.1 資料的讀取

在分析資料之前,需要準備「食材」,也就是資料,例如像商品的屬性資料、客戶的訂單資料、客戶的退單資料等。本節將介紹 Python 讀取本機離線資料、Web 線上資料、資料庫資料等各種儲存形式的資料。

3.1.1 讀取本機離線資料

1. 讀取 .txt 格式的資料

使用 Pandas 程式庫中的 read_table() 函數,Python 可以直接讀取 .txt 格式的資料,程式碼如下所示(其中文字檔的路徑是筆者電腦的路徑):

```python
import pandas as pd

data = pd.read_table('F:\Python+office-Samples\ch03\orders.txt', delimiter=',',
encoding='UTF-8')
print(data[['order_id','order_date','cust_id']])
```

在 JupyterLab 中執行上述程式碼,輸出結果如下所示。

```
            order_id order_date      cust_id
0       CN-2014-100007  2014/1/1  Cust-11980
1       CN-2014-100001  2014/1/1  Cust-12430
2       CN-2014-100002  2014/1/1  Cust-12430
3       CN-2014-100003  2014/1/1  Cust-12430
4       CN-2014-100004  2014/1/1  Cust-13405
...                ...       ...         ...
19485   CN-2020-101502 2020/6/30  Cust-18715
19486   CN-2020-101503 2020/6/30  Cust-18715
19487   CN-2020-101499 2020/6/30  Cust-19900
19488   CN-2020-101500 2020/6/30  Cust-19900
19489   CN-2020-101505 2020/6/30  Cust-21790

[19490 rows x 3 columns]
```

2. 讀取.csv 格式的資料

使用 Pandas 程式庫中的 read_csv() 函數,Python 可以直接讀取 .csv 格式的資料,程式碼如下所示:

```
#連接 CSV 資料檔案
import pandas as pd

data = pd.read_csv('F:\Python+office-Samples\ch03\orders.csv', delimiter=',',
encoding='UTF-8')
print(data[['order_id','order_date','cust_type']])
```

在 JupyterLab 中執行上述程式碼，輸出結果如下所示。

```
              order_id order_date    cust_type
0      CN-2014-100007    2014/1/1       消費者
1      CN-2014-100001    2014/1/1      小型企業
2      CN-2014-100002    2014/1/1      小型企業
3      CN-2014-100003    2014/1/1      小型企業
4      CN-2014-100004    2014/1/1       消費者
...               ...        ...          ...
19485  CN-2020-101502   2020/6/30        公司
19486  CN-2020-101503   2020/6/30        公司
19487  CN-2020-101499   2020/6/30       消費者
19488  CN-2020-101500   2020/6/30       消費者
19489  CN-2020-101505   2020/6/30       消費者

[19490 rows x 3 columns]
```

3. 讀取 Excel 檔資料

使用 Pandas 程式庫中的 read_excel() 函數，Python 可以直接讀取 Excel 檔資料，程式碼如下所示：

```
#連接 Excel 資料檔案
import pandas as pd

data = pd.read_excel('F:\Python+office-Samples\ch03\orders.xls')
print(data[['order_id','order_date','product_id']])
```

在 JupyterLab 中執行上述程式碼，輸出結果如下所示。

```
              order_id order_date     product_id
0      CN-2014-100007 2014-01-01   Prod-10003020
1      CN-2014-100001 2014-01-01   Prod-10003736
2      CN-2014-100002 2014-01-01   Prod-10000501
3      CN-2014-100003 2014-01-01   Prod-10002358
4      CN-2014-100004 2014-01-01   Prod-10004748
...               ...        ...             ...
19485  CN-2020-101502 2020-06-30   Prod-10002305
19486  CN-2020-101503 2020-06-30   Prod-10004471
19487  CN-2020-101499 2020-06-30   Prod-10000347
19488  CN-2020-101500 2020-06-30   Prod-10002353
19489  CN-2020-101505 2020-06-30   Prod-10004787
```

```
[19490 rows x 3 columns]
```

3.1.2 讀取 Web 線上資料

Python 可以讀取 Web 線上資料，這裡選取的資料集是 UCI 上的紅酒資料集，該資料集是對義大利同一地區種植的葡萄酒進行化學分析的結果，這些葡萄酒來自 3 個不同的品種，分析確定了 3 種葡萄酒中每種葡萄酒含有的 13 種成分的數量。不同種類的酒品，它的成分也會有所不同，透過對這些成分的分析就可以對不同的特定的葡萄酒進行分類分析，原始資料集共有 178 個樣本數、3 種資料類別，每個樣本有 13 個屬性。

Python 讀取紅酒線上資料集的程式碼如下所示：

```python
#匯入相關程式庫
import numpy as np
import pandas as pd
import urllib.request

url = 'http://archive.ics.uci.edu//ml//machine-learning-databases//wine//wine.data'

raw_data = urllib.request.urlopen(url)
dataset_raw = np.loadtxt(raw_data, delimiter=",")
df = pd.DataFrame(dataset_raw)
print(df.head())
```

在 JupyterLab 中執行上述程式碼，輸出結果如下所示。

3.1.3 讀取常用資料庫中的資料

1. 讀取 MySQL 資料庫中的資料

Python 可以直接讀取 MySQL 資料庫中的資料，連接之前需要安裝 pymysql 程式庫。例如，統計匯總資料庫 orders 資料表中 2020 年不同類型商品的銷售額和利潤額，程式碼如下所示：

```
#連接 MySQL 資料庫
import pandas as pd
import pymysql

#讀取 MySQL 資料庫中的資料
conn = pymysql.connect(host='192.168.93.207',port=3306,user='root',password='
Wren_2014',db='sales'charset='utf8')
sql_num = "SELECT category,ROUND(SUM(sales/10000),2) as
sales,ROUND(SUM(profit/10000),2) as profit FROM orders where dt=2020 GROUP BY
category"
data = pd.read_sql(sql_num,conn)
print(data)
```

在 JupyterLab 中執行上述程式碼，輸出結果如下所示。

```
    category   sales   profit
0   辦公用品     79.13    5.65
1   技術        78.35    4.11
2   傢俱        87.51    4.54
```

2. 讀取 SQL Server 資料庫中的資料

Python 可以直接讀取 SQL Server 資料庫中的資料，連接之前需要安裝 pymssql 庫。例如，查詢資料庫 orders 表中 2020 年利潤額在 400 元以上的所有訂單，程式碼如下所示：

```
#連接 SQL Server 資料庫
import pandas as pd
import pymssql

#讀取 SQL Server 資料庫中的資料
conn = pymssql.connect(host='192.168.93.207',user='sa',password='Wren2014',
database='sales',charset='utf8')
sql_num = "SELECT order_id,sales,profit FROM orders where dt=2020 and profit>400"
data = pd.read_sql(sql_num,conn)
print(data)
```

在 JupyterLab 中執行上述程式碼，輸出結果如下所示。

```
     order_id     sales   profit
0    CN-2020-100004  10514.03  472.33
1    CN-2020-100085   7341.60  479.14
2    CN-2020-100115   6668.90  472.64
3    CN-2020-100113  10326.40  408.29
4    CN-2020-100148   5556.60  486.06
...
56   CN-2020-101326  11486.16  420.28
57   CN-2020-101365   7188.30  406.57
58   CN-2020-101370   8346.74  408.02
59   CN-2020-101471   7982.10  407.52
60   CN-2020-101509   6919.08  468.66

[61 rows x 3 columns]
```

> **NOTE**
>
> 以上是以安裝了 MySQL 及 SQL Server 資料庫的情況下才能執行，且伺服器主機位置、使用者帳號、密碼會依讀者安裝指定而不相同，而資料庫中要有個 'sales' 資料表，存放的字元編碼是 'utf8'。上述範例僅為示範之用，讓讀者了解其連接語法。

3.2　資料的索引

索引是對資料中一欄或多欄的值進行排序的一種結構，使用索引可以快速存取資料中的特定資訊。本節將會介紹 Python 如何建立索引、重構索引、調整索引等，假設使用的資料為「2020 年兩個學期學生考試成績」。

3.2.1　set_index() 函數：建立索引

在建立索引之前，先建立一個由 4 名學生考試成績構成的資料集，程式碼如下所示：

```
import numpy as np
import pandas as pd
score = {'學期':['第一學期','第一學期','第一學期','第二學期','第二學期','第二學期'],'課程':['語文', '英語', '數學', '語文', '英語', '數學'],
'李四': [90,92,88,94,92,87],'王五': [91,85,89,92,88,82],
'張三': [89,98,85,82,85,95],'趙六': [96,90,83,85,99,80]}
score = pd.DataFrame(score)
score
```

執行上述程式碼，建立的資料集如下所示。

```
       學期    課程   李四   王五   張三   趙六
0   第一學期   語文    90    91    89    96
1   第一學期   英語    92    85    98    90
2   第一學期   數學    88    89    85    83
3   第二學期   語文    94    92    82    85
4   第二學期   英語    92    88    85    99
5   第二學期   數學    87    82    95    80
```

```
In [5]: import numpy as np
        import pandas as pd
        score = {'學期':['第一學期','第一學期','第一學期','第二學期','第二學期','第二學期'],
                 '課程':['語文', '英語', '數學', '語文', '英語', '數學'],
                 '李四': [90,92,88,94,92,87],'王五': [91,85,89,92,88,82],
                 '張三': [89,98,85,82,85,95],'趙六': [96,90,83,85,99,80]}
        score = pd.DataFrame(score)
        score

Out[5]:
              學期    課程   李四   王五   張三   趙六

          0   第一學期   語文    90    91    89    96

          1   第一學期   英語    92    85    98    90

          2   第一學期   數學    88    89    85    83

          3   第二學期   語文    94    92    82    85

          4   第二學期   英語    92    88    85    99

          5   第二學期   數學    87    82    95    80
```

使用 index（索引）可以查看所有資料集，預設是從 0 開始步長為 1 的數值索引，程式碼如下所示：

```
score.index
```

程式碼輸出結果如下所示。

```
RangeIndex(start=0, stop=6, step=1)
```

set_index() 函數可以將其一欄轉換為列索引，程式碼如下：

```
score1 = score.set_index(['課程'])
score1
```

程式碼輸出結果如下所示。

```
課程       學期    李四   王五   張三   趙六
語文   第一學期    90    91    89    96
英語   第一學期    92    85    98    90
數學   第一學期    88    89    85    83
語文   第二學期    94    92    82    85
英語   第二學期    92    88    85    99
數學   第二學期    87    82    95    80
```

set_index() 函數還可以將其多欄轉換為列索引,程式碼如下:

```
score1 = score.set_index(['學期','課程'])
score1
```

程式碼輸出結果如下所示。

學期	課程	李四	王五	張三	趙六
第一學期	語文	90	91	89	96
	英語	92	85	98	90
	數學	88	89	85	83
第二學期	語文	94	92	82	85
	英語	92	88	85	99
	數學	87	82	95	80

在預設情況下,索引欄的欄位會從資料集中移除,但是透過設定 drop 參數也可以將其保留下來,程式碼如下:

```
score.set_index(['學期','課程'],drop=False)
```

程式碼輸出結果如下所示。

學期	課程	學期	課程	李四	王五	張三	趙六
第一學期	語文	第一學期	語文	90	91	89	96
	英語	第一學期	英語	92	85	98	90
	數學	第一學期	數學	88	89	85	83
第二學期	語文	第二學期	語文	94	92	82	85
	英語	第二學期	英語	92	88	85	99
	數學	第二學期	數學	87	82	95	80

3.2.2 unstack() 函數:重構索引

reset_index() 函數的功能與 set_index() 函數的功能相反,層次化索引的級別會被轉移到資料集中的欄裡面,程式碼如下所示:

```
score1.reset_index()
```

程式碼輸出結果如下所示。

	學期	課程	李四	王五	張三	趙六
0	第一學期	語文	90	91	89	96
1	第一學期	英語	92	85	98	90
2	第一學期	數學	88	89	85	83
3	第二學期	語文	94	92	82	85

| 4 | 第二學期 | 英語 | 92 | 88 | 85 | 99 |
| 5 | 第二學期 | 數學 | 87 | 82 | 95 | 80 |

可以透過 unstack() 函數對資料集進行重構，其功能類似於 pivot() 函數的功能，不同之處在於，unstack() 函數是針對索引或標籤的，即將欄索引轉成最內層的列索引；而 pivot() 函數則是針對欄的值，即指定某欄的值作為列索引，程式碼如下所示：

```
score1.unstack()
```

程式碼輸出結果如下所示。

		李四			王五			張三			趙六		
課程	數學	英語	語文	數學	英語	語文	數學	英語	語文	數學	英語	語文
學期												
第一學期	88	92	90	89	85	91	85	98	89	83	90	96
第二學期	87	92	94	82	88	92	95	85	82	80	99	85

此外，stack() 函數是 unstack() 函數的逆運算，程式碼如下：

```
score1.unstack().stack()
```

程式碼輸出結果如下所示。

學期	課程	李四	王五	張三	趙六
第一學期	數學	88	89	85	83
	英語	92	85	98	90
	語文	90	91	89	96
第二學期	數學	87	82	95	80
	英語	92	88	85	99
	語文	94	92	82	85

3.2.3　swaplevel() 函數：調整索引

有時，可能需要調整索引的順序，swaplevel() 函數接受兩個級別編號或名稱，並返回一個互換了級別的新物件。例如，對學期和課程的索引級別進行調整，程式碼如下所示：

```
score1.swaplevel('學期','課程')
```

程式碼輸出結果如下所示。

```
課程      學期    李四   王五   張三   趙六
語文   第一學期    90    91    89    96
英語   第一學期    92    85    98    90
數學   第一學期    88    89    85    83
語文   第二學期    94    92    82    85
英語   第二學期    92    88    85    99
數學   第二學期    87    82    95    80
```

sort_index() 函數可以對資料進行排序，參數 level 設定需要排序的欄。需要注意的是，這裡的欄包含索引欄，第 1 欄是 0（「學期」欄），第 2 欄是 1（「課程」欄），程式碼如下所示：

```
score1.sort_index(level=1)
```

程式碼輸出結果如下所示。

```
        學期    課程   李四   王五   張三   趙六
第一學期    數學    88    89    85    83
第二學期    數學    87    82    95    80
第一學期    英語    92    85    98    90
第二學期    英語    92    88    85    99
第一學期    語文    90    91    89    96
第二學期    語文    94    92    82    85
```

3.3　資料的切片

在解決各種實際問題的過程中，常常會遇到從某個物件中提取部分資料的情況，切片操作可以完成這個任務。本節將會介紹 Python 如何提取一欄或多欄資料、一列或多列資料、指定區域的資料等，假設使用的資料為「2020 年第二學期學生考試成績」。

3.3.1　提取一欄或多欄資料

在介紹資料切片之前，需要建立一個由 4 名學生學習成績構成的資料集，程式碼如下所示：

```
import numpy as np
import pandas as pd
score = {'李四': [90,91,87,92,95,85],'王五': [91,85,89,92,88,82],'張三':
[89,98,85,82,85,95],'趙六': [96,90,83,85,99,80]}
score = pd.DataFrame(score, index=['數學','語文','英語','物理','化學','生物'])
score
```

執行上述程式碼，建立的資料集如下所示。

```
      李四    王五    張三    趙六
數學    90      91      89      96
語文    91      85      98      90
英語    87      89      85      83
物理    92      92      82      85
化學    95      88      85      99
生物    85      82      95      80
```

可以提取某一欄資料，程式碼如下所示：

```
score['王五']
```

程式碼輸出結果如下所示。

```
數學     91
語文     85
英語     89
物理     92
化學     88
生物     82
Name: 王五, dtype: int64
```

可以提取某幾欄連續和不連續的資料，如提取兩欄資料，程式碼如下：

```
score[['王五','趙六']]
```

程式碼輸出結果如下所示。

```
      王五    趙六
數學    91      96
語文    85      90
英語    89      83
物理    92      85
化學    88      99
生物    82      80
```

3.3.2　提取一列或多列資料

可以使用 loc() 函數和 iloc() 函數獲取特定列的資料。其中，iloc() 函數是透過列號獲取資料的，而 loc() 函數則是透過列標籤索引資料的。例如，提取第 2 列資料，程式碼如下所示：

```
score.iloc[1]
```

程式碼輸出結果如下所示。

```
李四    91
王五    85
張三    98
趙六    90
Name: 語文, dtype: int64
```

也可以提取幾列資料，需要注意的是，列號也是從 0 開始的，區間是左閉右開。例如，提取第 3 列～第 5 列的資料，程式碼如下所示：

```
score.iloc[2:5]
```

程式碼輸出結果如下所示。

```
      李四   王五   張三   趙六
英語    87   89   85   83
物理    92   92   82   85
化學    95   88   85   99
```

如果不指定 iloc() 函數的列索引的初始值，則預設從 0 開始，即第 1 列，程式碼如下所示：

```
score.iloc[:3]
```

程式碼輸出結果如下所示。

```
      李四   王五   張三   趙六
數學    90   91   89   96
語文    91   85   98   90
英語    87   89   85   83
```

3.3.3　提取指定區域的資料

使用 iloc() 函數還可以提取指定區域的資料。例如，提取第 3 列～第 5 列的資料、第 2 欄～第 4 欄的資料，程式碼如下所示：

```
score.iloc[2:5,1:3]
```

程式碼輸出結果如下所示。

```
        王五    張三
英語     89      85
物理     92      82
化學     88      85
```

此外，如果不指定區域中欄索引的初始值，那麼從第 1 欄開始，程式碼如下：

```
score.iloc[2:5,:3]
```

程式碼輸出結果如下所示。

```
        李四    王五    張三
英語     87      89      85
物理     92      92      82
化學     95      88      85
```

同理，如果不指定欄索引的結束值，那麼提取後面的所有欄。

3.4　資料的刪除

Pandas 程式庫之中有 3 個用來刪除資料的函數：drop()、drop_duplicates()、dropna()。其中 drop() 函數用於刪除列或欄中的資料，drop_duplicates() 函數用於刪除重復資料，dropna() 函數用於刪除空值。本節將會介紹如何刪除一列或多列資料、一欄或多欄資料、指定的列表物件等，假設使用的資料為「2020年第二學期學生考試成績」。

3.4.1　刪除一列或多列資料

在介紹如何用 Pandas 程式庫刪除資料之前，還是建立一個關於 4 名學生學習成績的資料集，程式碼如下所示：

```
import numpy as np
import pandas as pd
score = {'李四': [90,91,87,92,95,85],'王五': [91,85,89,92,88,82],'張三':
[89,98,85,82,85,95],'趙六': [96,90,83,85,99,80]}
score = pd.DataFrame(score, index=['數學','語文','英語','物理','化學','生物'])
score
```

執行上述程式碼，建立的資料集如下所示。

```
      李四    王五    張三    趙六
數學    90     91     89     96
語文    91     85     98     90
英語    87     89     85     83
物理    92     92     82     85
化學    95     88     85     99
生物    85     82     95     80
```

drop() 函數預設是刪除列資料，參數是列索引。例如，刪除一列資料，程式碼
如下所示：

```
score.drop('化學')
```

程式碼輸出結果如下所示。

```
      李四    王五    張三    趙六
數學    90     91     89     96
語文    91     85     98     90
英語    87     89     85     83
物理    92     92     82     85
生物    85     82     95     80
```

還可以刪除幾列連續和不連續的資料。例如，刪除化學和生物的考試成績，程
式碼如下所示：

```
score.drop(['化學','生物'])
```

程式碼輸出結果如下所示。

```
      李四    王五    張三    趙六
數學    90     91     89     96
語文    91     85     98     90
英語    87     89     85     83
物理    92     92     82     85
```

3.4.2　刪除一欄或多欄資料

對於欄資料的刪除，可以透過設定參數 axis=1 來達成（如果不設定參數 axis，
則 drop() 函數的參數預設為 axis=0，即對行進行操作）。例如，刪除 1 名學生
的考試成績，程式碼如下所示：

```
score.drop('李四',axis=1)
```

程式碼輸出結果如下所示。

```
      王五   張三   趙六
數學    91    89    96
語文    85    98    90
英語    89    85    83
物理    92    82    85
化學    88    85    99
生物    82    95    80
```

也可以透過設定 axis='columns' 達成刪除欄資料。例如，刪除兩名學生的考試成績，程式碼如下所示：

```
score.drop(['李四','趙六'],axis='columns')
```

程式碼輸出結果如下所示。

```
      王五   張三
數學    91    89
語文    85    98
英語    89    85
物理    92    82
化學    88    85
生物    82    95
```

此外，drop() 函數的可選參數 inplace，預設值為 False，即不改變原陣列，如果將其值設定為 True，則原始陣列直接會被修改，程式碼如下所示：

```
score.drop('張三',axis=1,inplace=True)
score
```

程式碼輸出結果如下所示。

```
      李四   王五   趙六
數學    90    91    96
語文    91    85    90
英語    87    89    83
物理    92    92    85
化學    95    88    99
生物    85    82    80
```

3.4.3 刪除指定的資料表物件

一般來說，我們不需要刪除一個資料表物件，因為資料表物件離開作用域後會自動失效。如果想要明確地刪除整個資料表，則可以使用 del 語句，程式碼如下所示：

```
del score
score
```

程式碼輸出結果如下所示，可以看出 score 資料集已經被刪除。

```
-----------------------------------------------------------------------
NameError                         Traceback (most recent call last)
<ipython-input-38-d2d780e36333> in <module>
----> 1 score
NameError: name 'score' is not defined
```

3.5 資料的排序

排序的目的是將一組「無序」的資料序列調整為「有序」的資料序列，本節將會介紹如何按索引排序和按數值排序等，假設使用的資料為「2020 年第二學期學生考試成績」。

3.5.1 按列索引對資料進行排序

在介紹如何使用 Pandas 程式庫排序資料之前，還是建立一個關於 4 名學生學習成績的資料集，程式碼如下所示：

```
import numpy as np
import pandas as pd
score = {'李四': [90,91,87,92,95,85],'王五': [91,85,89,92,88,82],'張三':
[89,98,85,82,85,95],'趙六': [96,90,83,85,99,80]}
score = pd.DataFrame(score, index=['數學','語文','英語','物理','化學','生物'])
score
```

執行上述程式碼，建立的資料集如下所示。

	李四	王五	張三	趙六
數學	90	91	89	96
語文	91	85	98	90

```
英語    87    89    85    83
物理    92    92    82    85
化學    95    88    85    99
生物    85    82    95    80
```

使用 sort_index() 函數對資料集按列索引進行排序，程式碼如下：

```
score.sort_index()
```

程式碼輸出結果如下所示。

```
      李四    王五    張三    趙六
化學    95    88    85    99
數學    90    91    89    96
物理    92    92    82    85
生物    85    82    95    80
英語    87    89    85    83
語文    91    85    98    90
```

3.5.2　按欄索引對資料進行排序

可以透過設定 axis=1 實作按欄索引對資料集進行排序，程式碼如下：

```
score.sort_index(axis=1)
```

程式碼輸出結果如下所示。

```
      張三    李四    王五    趙六
數學    89    90    91    96
語文    98    91    85    90
英語    85    87    89    83
物理    82    92    92    85
化學    85    95    88    99
生物    95    85    82    80
```

預設是按昇冪排列的，但也可以按降冪排列。參數 ascending 的預設值為 True，即按昇冪排列；如果將參數 ascending 的值設定為 False 就按降冪排列，程式碼如下所示：

```
score.sort_index(axis=1, ascending=False)
```

程式碼輸出結果如下所示。

	趙六	王五	李四	張三
數學	96	91	90	89
語文	90	85	91	98
英語	83	89	87	85
物理	85	92	92	82
化學	99	88	95	85
生物	80	82	85	95

3.5.3 按一欄或多欄對資料進行排序

使用 sort_values() 函數,並設定 by 參數,可以根據某一個欄中的值進行排序,程式碼如下所示:

```
score.sort_values(by='張三', ascending=True)
```

程式碼輸出結果如下所示。

	李四	王五	張三	趙六
物理	92	92	82	85
英語	87	89	85	83
化學	95	88	85	99
數學	90	91	89	96
生物	85	82	95	80
語文	91	85	98	90

如果要根據多個資料欄中的值進行排序,則 by 參數需要傳入名稱列表,程式碼如下所示:

```
score.sort_values(by=['張三','趙六'], ascending=False)
```

程式碼輸出結果如下所示。

	李四	王五	張三	趙六
語文	91	85	98	90
生物	85	82	95	80
數學	90	91	89	96
化學	95	88	85	99
英語	87	89	85	83
物理	92	92	82	85

3.5.4 按一列或多列對資料進行排序

對於列資料的排序,可以先轉置資料集,再按照上述欄資料的排序方法進行排序,程式碼如下所示:

```
scoreT = score.T
scoreT.sort_values(by=['物理','化學'], ascending=True)
```

程式碼輸出結果如下所示。

```
      數學   語文   英語   物理   化學   生物
張三    89    98    85    82    85    95
趙六    96    90    83    85    99    80
王五    91    85    89    92    88    82
李四    90    91    87    92    95    85
```

3.6　資料的聚合

資料聚合透過轉換資料將每一個陣列生成一個單一的數值。本節將會介紹按指定的列來聚合資料、分組聚合、自訂聚合等，假設使用的資料為「2020 年兩個學期學生考試成績」。

3.6.1　level 參數：指定列聚合資料

在介紹資料聚合之前，還是建立一個關於 4 名學生學習成績的資料集，程式碼如下所示：

```
import numpy as np
import pandas as pd
score = {'課程':['數學', '語文', '英語', '數學', '語文', '英語'],
         '學期':['第一學期','第一學期','第一學期','第二學期','第二學期','第二學期'],
         '李四': [90,92,88,94,92,87],'王五': [91,87,89,93,88,83],
         '張三': [89,98,86,83,86,95],'趙六': [96,91,83,85,96,80]}
score = pd.DataFrame(score)
score = score.set_index(['學期','課程'])
score
```

執行上述程式碼，建立的資料集如下所示。

```
  學期    課程    李四   王五   張三   趙六
第一學期   數學    90    91    89    96
         語文    92    87    98    91
         英語    88    89    86    83
第二學期   數學    94    93    83    85
         語文    92    88    86    96
         英語    87    83    95    80
```

可以使用 level 參數指定在某欄上進行資料統計。例如，統計每個學生在兩個學期的平均成績，程式碼如下所示：

```
score.mean(level='學期')
```

程式碼輸出結果如下所示。

```
    學期   李四   王五    張三    趙六
第一學期  90.0  89.0  91.0  90.0
第二學期  91.0  88.0  88.0  87.0
```

level 參數不僅可以使用欄名稱，還可以使用欄索引號。例如，統計每個學生每門課的平均成績，程式碼如下所示：

```
score.mean(level=1)
```

程式碼輸出結果如下所示。

```
課程    李四    王五    張三    趙六
數學   92.0   92.0   86.0   90.5
語文   92.0   87.5   92.0   93.5
英語   87.5   86.0   90.5   81.5
```

3.6.2　groupby() 函數：分組聚合

下面重新建立一個關於 3 名學生學習成績的資料集，程式碼如下所示：

```
import numpy as np
import pandas as pd
score = {'課程':['英語','語文','英語','語文','英語','語文','英語','語文'],'學期':['
第一學期','第一學期','第二學期','第二學期','第一學期','第一學期','第二學期','第二學
期'],'李四': [90,92,88,94,92,87,82,91],'王五': [91,87,82,91,89,93,88,83],'張三':
[89,98,86,82,91,83,86,95]}
score = pd.DataFrame(score)
score
```

執行上述程式碼，建立的資料集如下所示。

```
    課程      學期   李四   王五   張三
0   英語   第一學期    90    91    89
1   語文   第一學期    92    87    98
2   英語   第二學期    88    82    86
3   語文   第二學期    94    91    82
4   英語   第一學期    92    89    91
```

```
5    語文    第一學期    87    93    83
6    英語    第二學期    82    88    86
7    語文    第二學期    91    83    95
```

此外，groupby() 函數可以實作對多個欄位的分組統計。例如，統計每個學期學生每門課的平均成績，程式碼如下所示：

```
score.groupby([score['學期'],score['課程']]).mean()
```

程式碼輸出結果如下所示。

```
     學期    課程    李四     王五     張三
第一學期    英語    91.0    90.0    90.0
          語文    89.5    90.0    90.5
第二學期    英語    85.0    85.0    86.0
          語文    92.5    87.0    88.5
```

3.6.3　agg() 函數：自訂聚合

在 Python 中，計算描述性統計指標通常使用 describe() 函數，如個數、平均數、標準差、最小值和最大值等，程式碼如下所示：

```
score.describe()
```

程式碼輸出結果如下所示。

```
            李四        王五        張三
Count  8.000000  8.000000  8.000000
mean  89.500000 88.000000 88.750000
std    3.779645  3.891382  5.650537
min   82.000000 82.000000 82.000000
25%   87.750000 86.000000 85.250000
50%   90.500000 88.500000 87.500000
75%   92.000000 91.000000 92.000000
max   94.000000 93.000000 98.000000
```

如果想要使用自訂的匯總函式，則只需將其傳入 aggregate() 函數或 agg() 函數。例如，這裡定義的是 sum、mean、max、min，程式碼如下所示：

```
score.groupby([score['學期'],score['課程']]).agg(['sum','mean','max','min'])
```

程式碼輸出結果如下所示。

學期	課程	李四				王五				張三			
		sum	mean	max	min	sum	mean	max	min	sum	mean	max	min
第一學期	英語	182	91.0	92	90	180	90	91	89	180	90.0	91	89
	語文	179	89.5	92	87	180	90	93	87	181	90.5	98	83
第二學期	英語	170	85.0	88	82	170	85	88	82	172	86.0	86	86
	語文	185	92.5	94	91	174	87	91	83	177	88.5	95	82

3.7　資料的透視

透視分析表（也有稱樞紐分析表）是各類資料分析軟體中一種常見的資料匯總工具。它根據一個或多個鍵對資料進行聚合，並根據列和欄上的分組鍵將資料分配到各個矩形區域中。本節將介紹利用 pivot_table() 函數和 crosstab() 函數進行資料透視。

3.7.1　pivot_table() 函數：資料透視

在 Python 中，可以使用 groupby() 函數重塑運算製作透視分析表。此外在 Pandas 程式庫中還有一個 pivot_table() 函數。

下面介紹一下 Pandas 程式庫中 pivot_table() 函數的參數及其相關說明，如表 3-1 所示。

表 3-1　pivot_table() 函數的參數及其說明

參數	說明
data	資料集
values	待聚合的欄的名稱，預設聚合所有數值欄
index	用於分組的欄名或其他分組鍵，出現在結果透視分析表中的列
columns	用於分組的欄名或其他分組鍵，出現在結果透視分析表中的欄
aggfunc	匯總函數或函數列表，預設值為 mean，可以使任何對 groupby() 函數有效的函數
fill_value	用於替換結果表中的缺失值
dropna	預設值為 True
margins_name	預設值為 ALL

接下來，我們介紹下面程式使用的資料集。眾所周知，在西方國家的服務行業中，顧客會給服務員一定金額的小費，這裡我們使用餐飲行業的小費資料集，

它包括消費總金額（totall_bill）、小費金額（tip）、顧客性別（sex）、消費的日期（day）、消費的時間段（time）、用餐人數（size）、顧客是否有抽煙（smoker）等 7 個欄位，如表 3-2 所示。

表 3-2　顧客小費資料集

total_bill	tip	sex	smoker	day	time	size
14.83	3.02	Female	No	Sun	Dinner	2
21.58	3.92	Male	No	Sun	Dinner	2
10.33	1.67	Female	No	Sun	Dinner	3
16.29	3.71	Male	No	Sun	Lunch	3
16.97	3.5	Female	No	Sun	Lunch	3
20.65	3.35	Male	No	Sat	Lunch	3
17.92	4.08	Male	No	Sat	Lunch	2
20.29	2.75	Female	No	Sat	Lunch	2
15.77	2.23	Female	No	Sat	Dinner	2
…	…	…	…	…	…	…

下面匯入資料集，程式碼如下所示：

```
import pandas as pd
tips = pd.read_csv('F:\Python+office-Samples\ch03/tips.csv',delimiter=',',
                   encoding='UTF-8')
tips
```

執行上述程式碼，輸出結果如下所示。

```
    total_bill  tip    sex     smoker  day  time  size
0   14.830      3.020  Female  No      Sun  Dinner2.0
1   21.580      3.920  Male    No      Sun  Dinner2.0
2   10.330      1.670  Female  No      Sun  Dinner3.0
3   16.290      3.710  Male    No      Sun  Lunch 3.0
4   16.970      3.500  Female  No      Sun  Lunch 3.0
5   18.960      3.780  Male    No      Mon  Lunch 2.0
6   19.250      3.890  Female  No      Tue  Dinner3.0
7   20.560      4.230  Male    Yes     Sat  Dinner2.0
8   21.440      4.560  Female  Yes     Sat  Lunch 2.0
9   22.360      4.800  Female  No      Fri  Dinner3.0
10  22.960      5.900  Male    No      Sat  Lunch 2.0
11  23.860      6.185  Male    Yes     Sat  Dinner2.5
12  24.672      6.710  Female  Yes     Sat  Lunch 2.6
13  25.484      7.235  Female  No      Fri  Dinner2.7
14  26.296      7.760  Male    No      Sat  Lunch 2.8
15  27.108      8.285  Male    Yes     Sat  Dinner2.9
16  27.920      8.810  Female  Yes     Sat  Lunch 3.0
17  28.732      9.335  Female  No      Fri  Dinner3.1
18  29.544      9.860  Male    No      Sat  Lunch 3.2
```

例如，想要根據 sex 和 smoker 計算分組平均數，並將 sex 和 smoker 放到列中，
程式碼如下所示：

```
import pandas as pd
pd.pivot_table(tips,index = ['sex', 'smoker'])
```

執行上述程式碼，輸出結果如下所示。

```
             size        tip        total_bill
 sex   smoker
Female  No   2.828571    4.778571    19.708000
        Yes  2.533333    6.693333    24.677333
Male    No   2.500000    5.821667    22.605000
        Yes  2.466667    6.233333    23.842667
```

例如，想要聚合 tip 和 size，而且需要根據 sex 和 day 進行分組，將 smoker 放
到欄上，把 sex 和 day 放到列上，程式碼如下所示：

```
tips.pivot_table(values=['tip','size'],index=['sex', 'day'],columns='smoker')
```

執行上述程式碼，輸出結果如下所示。

		size		tip	
	smoker	No	Yes	No	Yes
sex	day				
Female	Fri	2.933333	NaN	7.123333	NaN
	Sat	NaN	2.533333	NaN	6.693333
	Sun	2.666667	NaN	2.730000	NaN
	Tue	3.000000	NaN	3.890000	NaN
Male	Mon	2.000000	NaN	3.780000	NaN
	Sat	2.666667	2.466667	7.840000	6.233333
	Sun	2.500000	NaN	3.815000	NaN

可以對這個表做進一步處理。例如，設定 margins=True，新增加分小計，程式
碼如下所示：

```
tips.pivot_table(values=['tip','size'], index=['sex', 'day'],columns=
'smoker',margins=True)
```

執行上述程式碼，輸出結果如下所示。

		size			tip		
	smoker	No	Yes	All	No	Yes	All
sex	day						
Female	Fri	2.933333	NaN	2.933333	7.123333	NaN	7.123333
	Sat	NaN	2.533333	2.533333	NaN	6.693333	6.693333
	Sun	2.666667	NaN	2.666667	2.730000	NaN	2.730000
	Tue	3.000000	NaN	3.000000	3.890000	NaN	3.890000
Male	Mon	2.000000	NaN	2.000000	3.780000	NaN	3.780000
	Sat	2.666667	2.466667	2.566667	7.840000	6.233333	7.036667
	Sun	2.500000	NaN	2.500000	3.815000	NaN	3.815000
All		2.676923	2.500000	2.621053	5.260000	6.463333	5.640000

如果想要使用其他的匯總函式，則將其傳給參數 aggfunc 即可。例如，使用 len 可以得到有關分組大小的透視分析表，程式碼如下所示：

```
tips.pivot_table(values=['tip','size'],index=['sex','day'],
columns='smoker',margins=True,aggfunc=len)
```

執行上述程式碼，輸出結果如下所示。

		size			tip		
	smoker	No	Yes	All	No	Yes	All
sex	day						
Female	Fri	3.0	NaN	3	3.0	NaN	3
	Sat	NaN	3.0	3	NaN	3.0	3
	Sun	3.0	NaN	3	3.0	NaN	3
	Tue	1.0	NaN	1	1.0	NaN	1
Male	Mon	1.0	NaN	1	1.0	NaN	1
	Sat	3.0	3.0	6	3.0	3.0	6
	Sun	2.0	NaN	2	2.0	NaN	2
All		13.0	6.0	19	13.0	6.0	19

3.7.2 crosstab() 函數：資料交叉

Pandas 程式庫中的 crosstab() 函數是一類用於計算分組頻率的特殊透視分析表，也是一類特殊的 pivot_table() 函數。

例如，需要根據性別和是否吸煙對資料進行統計匯總，程式碼如下：

```
import pandas as pd
pd.crosstab(tips.sex, tips.smoker, margins=True)
```

執行上述程式碼，輸出結果如下所示。

smoker sex	No	Yes	All
Female	7	3	10
Male	6	3	9
All	13	6	19

例如，需要根據性別、星期和是否吸煙對資料進行統計匯總，程式碼如下：

```
import pandas as pd
pd.crosstab([tips.sex, tips.day], tips.smoker, margins=True)
```

執行上述程式碼，輸出結果如下所示。

sex	smoker day	No	Yes	All
Female	Fri	3	0	3
	Sat	0	3	3
	Sun	3	0	3
	Tue	1	0	1
Male	Mon	1	0	1
	Sat	3	3	6
	Sun	2	0	2
All		13	6	19

3.8　資料的合併

資料合併就是將不同資料來源或資料表中的資料整合到一起，本節將介紹橫向合併 merge() 函數和縱向合併 concat() 函數，假設使用的資料為「2020 年第二學期學生考試成績」。

3.8.1　merge() 函數：橫向合併

Pandas 程式庫中的資料可以透過一些方式進行合併。

■ merge() 函數根據一個或多個鍵將不同資料集中的列連接起來。

■ concat() 函數可以沿著某條軸線，將多個物件堆疊到一起。

在介紹資料合併之前，建立一個關於 4 名學生學習成績的資料集，程式碼如下所示：

```
import numpy as np
import pandas as pd
score1 = {'課程':['數學', '語文', '英語', '物理','化學', '生物'],'類型':['基礎','基礎','基礎','理科','理科','理科'],'李四': [90,91,87,92,95,85],'王五':[91,85,89,92,88,82],'張三': [89,98,85,82,95,95],'趙六': [96,90,83,85,99,80]}
score1 = pd.DataFrame(score1)
score1
```

執行上述程式碼，建立的資料集如下所示。

```
   課程   類型   李四  王五  張三  趙六
0  數學   基礎   90   91   89   96
1  語文   基礎   91   85   98   90
2  英語   基礎   87   89   85   83
3  物理   理科   92   92   82   85
4  化學   理科   95   88   85   99
5  生物   理科   85   82   95   80
```

再建立一個關於 4 名學生學習成績的資料集，程式碼如下：

```
import numpy as np
import pandas as pd
score2 = {'課程':['數學', '語文', '英語', '地理','政治', '歷史'],'類型':['基礎','基礎','基礎','文科','文科','文科'],'孫七': [91,87,92,95,92,95],'周八':[85,89,92,88,92,95],'吳九': [98,85,82,85,92,95],'鄭十': [90,83,85,99,92,95]}
score2 = pd.DataFrame(score2)
score2
```

執行上述程式碼，建立的資料集如下所示。

```
     課程   類型  孫七  周八  吳九  鄭十
0    數學   基礎   91   85   98   90
1    語文   基礎   87   89   85   83
2    英語   基礎   92   92   82   85
3    地理   文科   95   88   85   99
4    政治   文科   92   92   92   92
5    歷史   文科   95   95   95   95
```

使用 merge() 函數橫向合併兩個資料集，程式碼如下：

```
pd.merge(score1, score2)
```

程式碼輸出結果如下所示。

```
     課程   類型  李四  王五  張三  趙六  孫七  周八  吳九  鄭十
0    數學   基礎   90   91   89   96   91   85   98   90
1    語文   基礎   91   85   98   90   87   89   85   83
2    英語   基礎   87   89   85   83   92   92   82   85
```

如果沒有指明使用哪個欄連接，則橫向連接會重疊欄的欄名。可以透過參數 on 指定合併所依據的關鍵欄位。例如，指定課程，程式碼如下：

```
pd.merge(score1, score2, on='課程')
```

程式碼輸出結果如下所示。

```
     課程   類型_x  李四  王五  張三  趙六  類型_y  孫七  周八  吳九  鄭十
0    數學   基礎    90   91   89   96   基礎    91   85   98   90
1    語文   基礎    91   85   98   90   基礎    87   89   85   83
2    英語   基礎    87   89   85   83   基礎    92   92   82   85
```

由於示範的需要，下面再建立一個關於 4 名學生學習成績的資料集，程式碼如下所示：

```
import numpy as np
import pandas as pd
score3 = {'課程 1':['數學', '語文', '英語', '物理','化學', '生物'],
          '類型':['基礎','基礎','基礎','理科','理科','理科'],
          '李四': [90,91,87,92,95,85],'王五': [91,85,89,92,88,82],
          '張三': [89,98,85,82,85,95],'趙六': [96,90,83,85,99,80]}
score4 = {'課程 2':['數學', '語文', '英語', '地理','政治', '歷史'],
          '類型':['基礎','基礎','基礎','文科','文科','文科'],
          '孫七': [91,87,92,95,92,95],'周八': [85,89,92,88,92,95],
```

```
                '吳九': [98,85,82,85,92,95],'鄭十': [90,83,85,99,92,95]}
score3 = pd.DataFrame(score3)
score4 = pd.DataFrame(score4)
```

如果兩個資料集中的關鍵字段名稱不同時，則需要使用 left_on 和 right_on，程式碼如下所示：

```
pd.merge(score3, score4, left_on='課程 1', right_on='課程 2')
```

程式碼輸出結果如下所示。

	課程1	類型_x	李四	王五	張三	趙六	課程2	類型_y	孫七	周八	吳九	鄭十
0	數學	基礎	90	91	89	96	數學	基礎	91	85	98	90
1	語文	基礎	91	85	98	90	語文	基礎	87	89	85	83
2	英語	基礎	87	89	85	83	英語	基礎	92	92	82	85

在預設情況下，橫向連接 merge() 函數使用的是「內連接（inner）」，即輸出的是兩個資料集的交集。其他方式還有「left」、「right」及「outer」，這個與資料庫中的資料表的連接很類似。內連接程式碼如下所示：

```
pd.merge(score1, score2, on='課程', how='inner')
```

程式碼輸出結果如下所示。

	課程	類型_x	李四	王五	張三	趙六	類型_y	孫七	周八	吳九	鄭十
0	數學	基礎	90	91	89	96	基礎	91	85	98	90
1	語文	基礎	91	85	98	90	基礎	87	89	85	83
2	英語	基礎	87	89	85	83	基礎	92	92	82	85

左連接是左邊的資料集不加限制，右邊的資料集僅會顯示與左邊相關的資料，程式碼如下所示：

```
pd.merge(score1, score2, on='課程', how='left')
```

程式碼輸出結果如下所示。

	課程	類型_x	李四	王五	張三	趙六	類型_y	孫七	周八	吳九	鄭十
0	數學	基礎	90	91	89	96	基礎	91.0	85.0	98.0	90.0
1	語文	基礎	91	85	98	90	基礎	87.0	89.0	85.0	83.0
2	英語	基礎	87	89	85	83	基礎	92.0	92.0	82.0	85.0
3	物理	理科	92	92	82	85	NaN	NaN	NaN	NaN	NaN
4	化學	理科	95	88	85	99	NaN	NaN	NaN	NaN	NaN
5	生物	理科	85	82	95	80	NaN	NaN	NaN	NaN	NaN

右連接是右邊的資料集不加限制，左邊的資料集僅會顯示與右邊相關的資料，程式碼如下所示：

```
pd.merge(score1, score2, on='課程', how='right')
```

程式碼輸出結果如下所示。

	課程	類型_x	李四	王五	張三	趙六	類型_y	孫七	周八	吳九	鄭十
0	數學	基礎	90.0	91.0	89.0	96.0	基礎	91	85	98	90
1	語文	基礎	91.0	85.0	98.0	90.0	基礎	87	89	85	83
2	英語	基礎	87.0	89.0	85.0	83.0	基礎	92	92	82	85
3	地理	NaN	NaN	NaN	NaN	NaN	文科	95	88	85	99
4	政治	NaN	NaN	NaN	NaN	NaN	文科	92	92	92	92
5	歷史	NaN	NaN	NaN	NaN	NaN	文科	95	95	95	95

外連接輸出的是兩個資料集的聯集，組合了左連接和右連接的效果，程式碼如下所示：

```
pd.merge(score1, score2, on='課程', how='outer')
```

程式碼輸出結果如下所示。

	課程	類型_x	李四	王五	張三	趙六	類型_y	孫七	周八	吳九	鄭十
0	數學	基礎	90.0	91.0	89.0	96.0	基礎	91.0	85.0	98.0	90.0
1	語文	基礎	91.0	85.0	98.0	90.0	基礎	87.0	89.0	85.0	83.0
2	英語	基礎	87.0	89.0	85.0	83.0	基礎	92.0	92.0	82.0	85.0
3	物理	理科	92.0	92.0	82.0	85.0	NaN	NaN	NaN	NaN	NaN
4	化學	理科	95.0	88.0	85.0	99.0	NaN	NaN	NaN	NaN	NaN
5	生物	理科	85.0	82.0	95.0	80.0	NaN	NaN	NaN	NaN	NaN
6	地理	NaN	NaN	NaN	NaN	NaN	文科	95.0	88.0	85.0	99.0
7	政治	NaN	NaN	NaN	NaN	NaN	文科	92.0	92.0	92.0	92.0
8	歷史	NaN	NaN	NaN	NaN	NaN	文科	95.0	95.0	95.0	95.0

3.8.2　concat() 函數：縱向合併

在介紹縱向連接之前，建立兩個關於 4 名學生學習成績的資料集，程式碼如下所示：

```
import numpy as np
import pandas as pd
score5 = {'課程':['數學', '語文', '英語'],'類型':['基礎','基礎','基礎'],
          '李四': [90,91,87],'王五': [91,85,89],'張三': [89,98,85],
          '趙六': [96,90,83]}
score6 = {'課程':['物理','化學', '生物'],'類型':['理科','理科','理科'],'李四':
[92,95,85],'王五': [92,88,82],'張三': [82,85,95],'趙六': [85,99,80]}
score5 = pd.DataFrame(score5)
score6 = pd.DataFrame(score6)
```

使用 concat() 函數可以實作資料集的縱向合併，程式碼如下所示：

```
pd.concat([score5, score6])
```

程式碼輸出結果如下所示。

```
   課程   類型  李四  王五  張三  趙六
0  數學   基礎   90   91   89   96
1  語文   基礎   91   85   98   90
2  英語   基礎   87   89   85   83
0  物理   理科   92   92   82   85
1  化學   理科   95   88   85   99
2  生物   理科   85   82   95   80
```

3.9　工作表合併與拆分

在實際工作中，我們需要的資料一般分佈在多個不同的工作表中，那麼如何快速合併這些工作表是一個比較棘手的問題。利用 Python 程式不僅可以快速合併大量的工作表，還可以降低手工合併帶來的誤差。

3.9.1　單個活頁簿多個工作表合併

單個活頁簿多個工作表，即資料集僅由一個活頁簿構成，但是其中可能有多個工作表。例如，我們這裡需要合併的資料集是 2020 年 10 月技術部員工的考核資料，它只有一個活頁簿，但是有兩個工作表，分別有 4 條記錄和 5 條記錄，如圖 3-1 所示。

	A	B	C	D	E	F	G	H
1	員工工號	性別	年齡	學歷	籍貫	入職時間	考核評分	
2	N3000112	女	26	專科	新竹	2010/10/1	87	
3	N3000110	男	22	大學	台北	2009/8/1	89	
4	N3000110	男	21	大學	台北	2012/1/1	91	
5	N3000103	女	20	專科	新竹	2013/11/1	93	

工作表1　工作表2　⊕

	A	B	C	D	E	F	G	H
1	員工工號	性別	年齡	學歷	籍貫	入職時間	考核評分	
2	N3000119	男	19	專科	台中	2011/7/1	80	
3	N3000113	女	26	大學	台北	2009/12/1	85	
4	N3000112	男	26	碩士	台北	2012/10/1	93	
5	N3000113	男	21	專科	台中	2013/5/1	95	
6	N3000103	女	20	專科	新竹	2011/2/1	88	

工作表1　工作表2　⊕

圖 3-1　合併前資料集

下面將單個活頁簿中的兩個工作表資料合併到「技術部 10 月員工考核匯總.xlsx」工作表中，程式碼如下所示：

```python
import xlrd
import pandas as pd
from pandas import DataFrame
from openpyxl import load_workbook

excel_name = r"F:\Python+office-Samples\ch03\技術部 10 月員工考核.xls"
```

```
wb = xlrd.open_workbook(excel_name)
sheets = wb.sheet_names()

alldata = DataFrame()
for i in range(len(sheets)):
    df = pd.read_excel(excel_name, sheet_name=i)
    alldata = alldata.append(df)

writer = pd.ExcelWriter(r"F:\Python+office-Samples\ch03\技術部 10 月員工考核匯
總.xlsx",engine='openpyxl')

alldata.to_excel(excel_writer=writer,sheet_name="匯總")
writer.save()
writer.close()
```

執行上述程式碼，輸出結果如圖 3-2 所示。

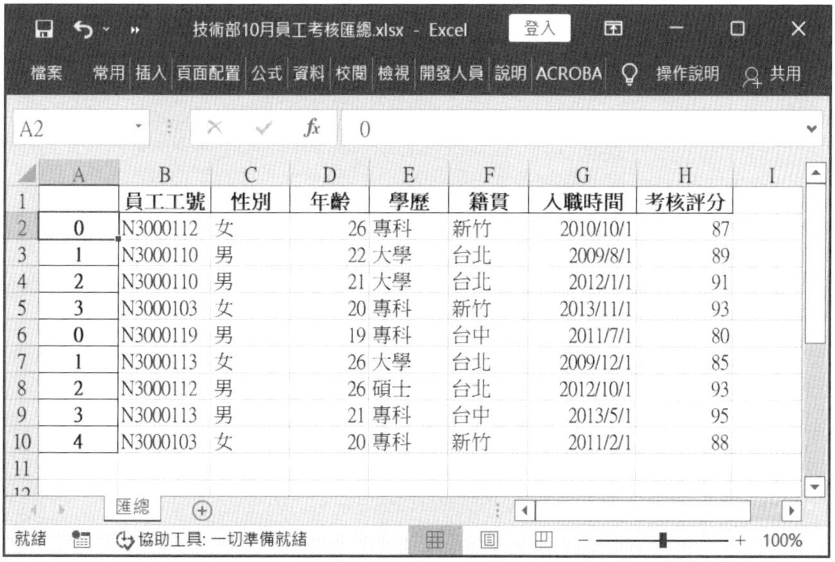

圖 3-2　合併後資料集

3.9.2　多個活頁簿單個工作表合併

多個活頁簿單個工作表，即資料集由兩個及兩個以上的活頁簿構成，每個活頁簿只有一個工作表。例如，我們這裡需要合併的資料集是 2020 年 9 月的員工考核資料，這個資料夾中含有 3 個活頁簿檔案，每個活頁簿有一個工作表，每個工作表有 3 條記錄，如圖 3-3 所示。

	A	B	C	D	E	F	G	H
1	員工工號	性別	年齡	學歷	籍貫	入職時間	考核評分	
2	N3000120	女	26	專科	高雄	2010/1/1	87	
3	N3000111	男	22	大學	桃園	2014/12/1	91	
4	N3000109	女	29	碩士	雲林	2011/3/1	85	
5								

行政部

	A	B	C	D	E	F	G	H
1	員工工號	性別	年齡	學歷	籍貫	入職時間	考核評分	
2	N3000112	男	26	碩士	台中	2011/7/1	93	
3	N3000113	男	21	專科	新北	2009/12/1	95	
4	N3000103	女	20	專科	彰化	2012/8/1	88	
5								

技術部

	A	B	C	D	E	F	G	H
1	員工工號	性別	年齡	學歷	籍貫	入職時間	考核評分	
2	N3000112	男	23	專科	新竹	2008/1/1	89	
3	N3000119	男	26	大學	新北	2014/2/1	91	
4	N3000119	男	20	大學	台南	2013/3/1	85	
5								

財務部

圖 3-3　合併前資料集

下面將 3 個活頁簿中的資料合併到「9 月員工考核匯總.xlsx」工作表中，程式碼如下所示：

```
import pandas as pd
import os
pwd = r"F:\Python+office-Samples\ch03\9 月員工考核"
df_list = []
for path,dirs,files in os.walk(pwd):
    for file in files:
        file_path = os.path.join(path,file)
        df = pd.read_excel(file_path)
        df_list.append(df)
result = pd.concat(df_list)
result.to_excel(r'F:\Python+office-Samples\ch03\9 月員工考核匯總.xlsx',index=False)
```

執行上述程式碼，輸出結果如圖 3-4 所示。

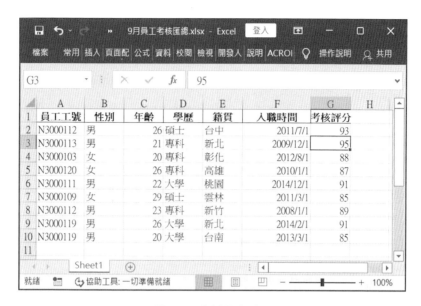

圖 3-4　合併後資料集

3.9.3　工作表按某一欄拆分資料

在工作中，有時需要根據某個分類變數，對工作表中的資料按某一欄進行拆分，如性別、年齡、籍貫等。例如，我們需要拆分的資料集是 2020 年 9 月技術部員工的考核資料，有 9 筆記錄，如圖 3-5 所示。

員工工號	性別	年齡	學歷	籍貫	入職時間	考核評分
N30001128	女	25	專科	新竹	2013/7/1	90
N30001109	男	23	大學	台北	2009/1/1	91
N30001106	男	22	大學	台北	2012/8/1	92
N30001196	女	21	專科	新竹	2010/1/1	90
N30001136	男	20	專科	桃園	2014/5/1	81
N30001127	女	25	大學	桃園	2011/2/1	86
N30001133	男	27	碩士	台北	2009/12/1	90
N30001128	男	22	專科	桃園	2014/1/1	91
N30001191	女	21	專科	新竹	2013/4/1	98

圖 3-5　拆分前資料集

下面對「9 月技術部員工考核.xls」中的資料，根據員工的籍貫進行拆分，程式碼如下所示：

```
import pandas as pd
import xlsxwriter
data=pd.read_excel(r"F:\Python+office-Samples\ch03\9 月技術部員工考核.xls")

area_list=list(set(data['籍貫']))

writer=pd.ExcelWriter(r"F:\Python+office-Samples\ch03\9 月技術部員工考核按籍貫拆
分.xlsx",engine='xlsxwriter')
data.to_excel(writer,sheet_name="總表",index=False)

for j in area_list:
    df=data[data['籍貫']==j]
    df.to_excel(writer,sheet_name=j,index=False)

writer.save()
```

執行上述程式碼，輸出結果如圖 3-6 所示。

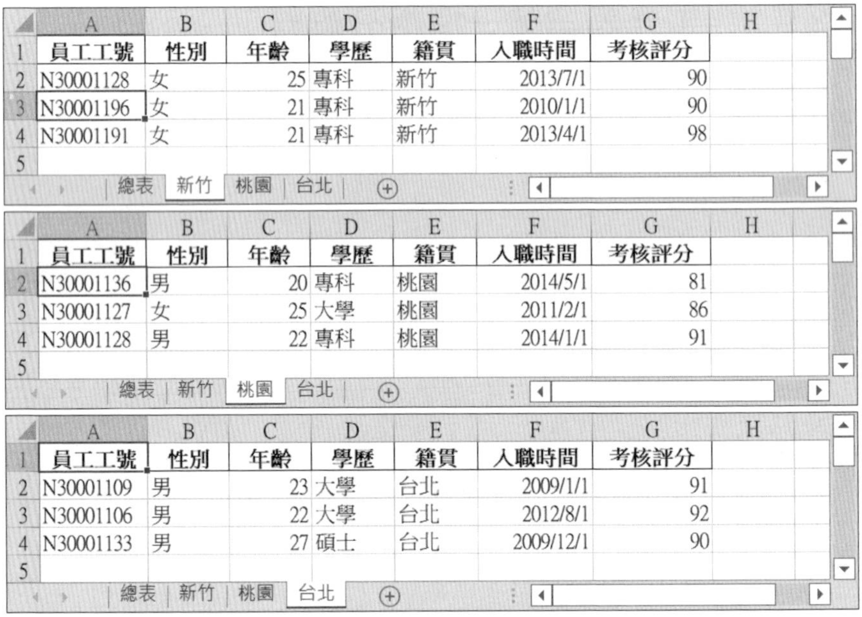

	A	B	C	D	E	F	G	H
1	員工工號	性別	年齡	學歷	籍貫	入職時間	考核評分	
2	N30001128	女	25	專科	新竹	2013/7/1	90	
3	N30001196	女	21	專科	新竹	2010/1/1	90	
4	N30001191	女	21	專科	新竹	2013/4/1	98	
5								

總表　新竹　桃園　台北　⊕

	A	B	C	D	E	F	G	H
1	員工工號	性別	年齡	學歷	籍貫	入職時間	考核評分	
2	N30001136	男	20	專科	桃園	2014/5/1	81	
3	N30001127	女	25	大學	桃園	2011/2/1	86	
4	N30001128	男	22	專科	桃園	2014/1/1	91	
5								

總表　新竹　桃園　台北　⊕

	A	B	C	D	E	F	G	H
1	員工工號	性別	年齡	學歷	籍貫	入職時間	考核評分	
2	N30001109	男	23	大學	台北	2009/1/1	91	
3	N30001106	男	22	大學	台北	2012/8/1	92	
4	N30001133	男	27	碩士	台北	2009/12/1	90	
5								

總表　新竹　桃園　台北　⊕

圖 3-6　拆分後資料集

3.10　上機實作題

練習 1：讀取本機客戶資料表「customers.csv」，注意檔案的編碼。

練習 2：使用小費 Tips 資料表，透過 groupby() 函數統計不同性別和是否吸煙顧客的支付小費情況。

練習 3：合併「10 月份員工考核」資料夾中的三個活頁簿檔案中的資料，每個活頁簿都有兩個工作表。

提示：

請參考下載之本書隨附相關檔案中 ch03 目錄內的「03-上機實作題.ipynb」參考答案。

第 2 篇
Excel 資料自動化處理篇

第 4 章
利用 Python 進行資料處理

一般來說，在真實資料中可能含有大量的重複值、缺失值、異常值，這非常不利於後續分析，因此需要對各種「髒資料」進行對應的處理，得到「乾淨」的資料。本章將介紹如何利用 Python 進行資料處理，包括重複值的處理、缺失值的處理、異常值的處理等。

4.1　重複值的處理

4.1.1　Excel 重複值的處理

Excel 是處理資料時比較頻繁會使用到的軟體之一，有時我們需要刪除重復資料，只保留一條資料，這時最簡單的方法就是使用 Excel 內建的「移除重複項」功能。

具體操作如下：首先選取全部資料，然後按一下「資料」標籤中的「移除重複項」按鈕，彈出「移除重複項」對話方塊，如圖 4-1 所示。按一下「確定」按鈕，Excel 會刪除所有重復資料，並彈出提示資訊對話方塊，再按一下「確定」按鈕即可。

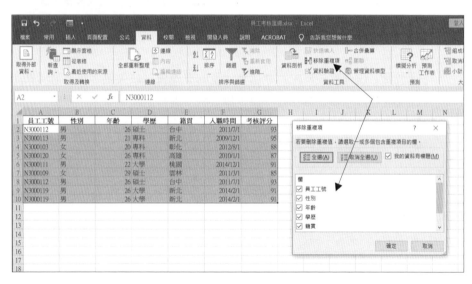

圖 4-1　「移除重複項」對話方塊

4.1.2　Python 重複值的檢測

在介紹使用 Pandas 程式庫處理重復資料之前，先建立一個關於 4 名學生學習成績的資料集，程式碼如下所示：

```python
import numpy as np
import pandas as pd
score = {'李四': [90,87,90,90,92,90],'王五': [91,89,91,91,88,82],'張三':
```

```
[89,85,89,82,85,95],'趙六': [96,83,96,85,99,80]}
score = pd.DataFrame(score, index=['數學', '語文', '數學', '英語', '物理','化學'])
score
```

執行上述程式碼，建立的資料集如下所示。

```
     李四  王五  張三  趙六
數學   90   91   89   96
語文   87   89   85   83
數學   90   91   89   96
英語   90   91   82   85
物理   92   88   85   99
化學   90   82   95   80
```

索引的 is_unique 屬性可以判斷它的值是否是唯一的，程式碼如下：

```
score.index.is_unique
```

程式碼輸出結果如下所示。

```
False
```

判斷重復資料記錄，duplicated() 函數的返回值是一個布林型，表示各列是否為重複列，程式碼如下所示：

```
score.duplicated()
```

程式碼輸出結果如下所示。

```
數學     False
語文     False
數學     True
英語     False
物理     False
化學     False
dtype: bool
```

4.1.3　Python 重複值的處理

下面刪除資料集中數值相同的記錄，程式碼如下所示：

```
score.drop_duplicates()
```

程式碼輸出結果如下所示。

```
      李四  王五  張三  趙六
數學    90   91   89   96
語文    87   89   85   83
英語    90   91   82   85
物理    92   88   85   99
化學    90   82   95   80
```

在預設情況下，會判斷全部欄，也可以指定某一欄或幾欄。例如，我們需要刪除資料記錄中某欄數值相同的記錄，程式碼如下所示：

```
score.drop_duplicates(['李四'])
```

程式碼輸出結果如下所示。

```
      李四  王五  張三  趙六
數學    90   91   89   96
語文    87   89   85   83
物理    92   88   85   99
```

還可以刪除資料記錄中某幾列數值相同的記錄，程式碼如下所示：

```
score.drop_duplicates(['李四','王五'])
```

程式碼輸出結果如下所示。

```
      李四  王五  張三  趙六
數學    90   91   89   96
語文    87   89   85   83
物理    92   88   85   99
化學    90   82   95   80
```

duplicated() 函數和 drop_duplicates() 函數預設保留的是第一次出現的值，但是也可以透過設定參數 keep='last'，保留最後一次出現的值，程式碼如下：

```
score.duplicated(keep='last')
```

程式碼輸出結果如下所示。

```
數學    True
語文    False
數學    False
英語    False
```

```
物理      False
化學      False
dtype: bool
```

例如，刪除 score 資料集中李四考試成績中的重複值，並保留最後一次出現的值，由於數學和化學的成績都是 90 分，所以只保留化學成績，程式碼如下：

```
score.drop_duplicates(['李四'], keep='last')
```

程式碼輸出結果如下所示。

```
      李四  王五  張三  趙六
語文  87  89  85  83
物理  92  88  85  99
化學  90  82  95  80
```

4.2　缺失值的處理

眾所周知，在收入、交通事故等問題的研究中，因為被調查者拒絕回答或者由於調查研究中的失誤，會存有一些未回答的問題。例如，在一次人口調查中，15% 的人沒有回答收入情況，高收入者的回答率比中等收入者的回答率要低；或者在嚴重交通事故報告中，是否使用安全帶和酒精濃度等關鍵問題在很多檔案中都沒有記錄，這些缺失的記錄便是缺失值。

4.2.1　Excel 缺失值的處理

在 Excel 中處理缺失資料的方法主要有：刪除缺失值、資料補齊（如特殊值填入、平均數填入等），由於操作比較簡單，這裡就不再進行詳細介紹。

4.2.2　Python 缺失值的檢測

對於數值資料，Pandas 程式庫使用浮點值「NaN（Not a Number）」來表示缺失的資料。

在介紹使用 Pandas 程式庫處理缺失值之前，先建立一個 4 名學生學習成績的資料集，程式碼如下所示：

```
import numpy as np
import pandas as pd
score = {'李四': [90,87,None,None,90,90],'王五': [91,89,None,91,88,82],'張三':
[89,None,None,82,85,95],'趙六': [96,83,None,85,99,80]}
score = pd.DataFrame(score, index=['數學', '語文', '英語', '物理','化學','生物'])
score
```

執行上述程式碼,建立的資料集如下所示。

	李四	王五	張三	趙六
數學	90.0	91.0	89.0	96.0
語文	87.0	89.0	NaN	83.0
英語	NaN	NaN	NaN	NaN
物理	NaN	91.0	82.0	85.0
化學	90.0	88.0	85.0	99.0
生物	90.0	82.0	95.0	80.0

使用 isnull() 函數判斷是否是缺失值,程式碼如下所示:

```
score.isnull()
```

程式碼輸出結果如下所示。

	李四	王五	張三	趙六
數學	False	False	False	False
語文	False	False	True	False
英語	True	True	True	True
物理	True	False	False	False
化學	False	False	False	False
生物	False	False	False	False

4.2.3　Python 缺失值的處理

在 Python 中,通常使用 dropna() 函數處理缺失值,該函數的功能是丟棄任何含有缺失值的列,程式碼如下所示:

```
score.dropna()
```

程式碼輸出結果如下所示。

	李四	王五	張三	趙六
數學	90.0	91.0	89.0	96.0
化學	90.0	88.0	85.0	99.0
生物	90.0	82.0	95.0	80.0

設定參數 how='all'，表示只丟棄全為 NaN 的列，程式碼如下所示：

```
score.dropna(how='all')
```

程式碼輸出結果如下所示。

```
      李四    王五    張三    趙六
數學   90.0   91.0   89.0   96.0
語文   87.0   89.0   NaN    83.0
物理   NaN    91.0   82.0   85.0
化學   90.0   88.0   85.0   99.0
生物   90.0   82.0   95.0   80.0
```

如果想要保留一部分缺失值資料，則可以使用 thresh 參數設定每一列非空數值的最小個數，程式碼如下所示：

```
score.dropna(thresh = 3)
```

程式碼輸出結果如下所示。

```
      李四    王五    張三    趙六
數學   90.0   91.0   89.0   96.0
語文   87.0   89.0   NaN    83.0
物理   NaN    91.0   82.0   85.0
化學   90.0   88.0   85.0   99.0
生物   90.0   82.0   95.0   80.0
```

為了示範如何處理列的缺失值，我們先增加一欄空值資料和一欄非空值資料，程式碼如下所示：

```
score['周七'] = np.nan
score['吳八'] = [92,96,86,88,82,90]
score
```

程式碼輸出結果如下所示。

```
      李四    王五    張三    趙六    周七    吳八
數學   90.0   91.0   89.0   96.0   NaN    92
語文   87.0   89.0   NaN    83.0   NaN    96
英語   NaN    NaN    NaN    NaN    NaN    86
物理   NaN    91.0   82.0   85.0   NaN    88
化學   90.0   88.0   85.0   99.0   NaN    82
生物   90.0   82.0   95.0   80.0   NaN    90
```

如果對欄資料進行缺失值的操作，則可以設定參數 axis=1，表示只要欄中的數值存有空值就將其刪除，程式碼如下所示：

```
score.dropna(axis=1)
```

程式碼輸出結果如下所示。

```
      吳八
數學   92
語文   96
英語   86
物理   88
化學   82
生物   90
```

設定參數 how='all'，表示刪除數值全為空值的欄，程式碼如下：

```
score.dropna(axis=1, how='all')
```

程式碼輸出結果如下所示。

	李四	王五	張三	趙六	吳八
數學	90.0	91.0	89.0	96.0	92
語文	87.0	89.0	NaN	83.0	96
英語	NaN	NaN	NaN	NaN	86
物理	NaN	91.0	82.0	85.0	88
化學	90.0	88.0	85.0	99.0	82
生物	90.0	82.0	95.0	80.0	90

如果不想刪除缺失資料，而是希望透過其他方式填補，則可以使用 fillna() 函數。透過使用 fillna() 函數就會將缺失值替換為對應的常數值，程式碼如下：

```
score.fillna(85)
```

程式碼輸出結果如下所示。

	李四	王五	張三	趙六	周七	吳八
數學	90.0	91.0	89.0	96.0	85.0	92
語文	87.0	89.0	85.0	83.0	85.0	96
英語	85.0	85.0	85.0	85.0	85.0	86
物理	85.0	91.0	82.0	85.0	85.0	88
化學	90.0	88.0	85.0	99.0	85.0	82
生物	90.0	82.0	95.0	80.0	85.0	90

可以使用 fillna() 函式呼叫一個字典，實作對不同的欄填滿不同的值，程式碼如下所示：

```
score.fillna({'李四':80,'王五':81,'張三':82,'趙六':83})
```

程式碼輸出結果如下所示。

```
      李四    王五    張三    趙六    周七   吳八
數學  90.0  91.0  89.0  96.0  NaN   92
語文  87.0  89.0  82.0  83.0  NaN   96
英語  80.0  81.0  82.0  83.0  NaN   86
物理  80.0  91.0  82.0  85.0  NaN   88
化學  90.0  88.0  85.0  99.0  NaN   82
生物  90.0  82.0  95.0  80.0  NaN   90
```

設定參數 method='ffill'，表示向下填滿資料，程式碼如下所示：

```
score.fillna(method='ffill')
```

程式碼輸出結果如下所示。

```
      李四    王五    張三    趙六    周七   吳八
數學  90.0  91.0  89.0  96.0  NaN   92
語文  87.0  89.0  89.0  83.0  NaN   96
英語  87.0  89.0  89.0  83.0  NaN   86
物理  87.0  91.0  82.0  85.0  NaN   88
化學  90.0  88.0  85.0  99.0  NaN   82
生物  90.0  82.0  95.0  80.0  NaN   90
```

設定參數 method='bfill'，表示向上填滿資料，程式碼如下所示：

```
score.fillna(method='bfill')
```

程式碼輸出結果如下所示。

```
      李四    王五    張三    趙六    周七   吳八
數學  90.0  91.0  89.0  96.0  NaN   92
語文  87.0  89.0  82.0  83.0  NaN   96
英語  90.0  91.0  82.0  85.0  NaN   86
物理  90.0  91.0  82.0  85.0  NaN   88
化學  90.0  88.0  85.0  99.0  NaN   82
生物  90.0  82.0  95.0  80.0  NaN   90
```

還可以使用非空數值的平均數、最大值、最小值等填滿缺失值。例如，使用缺失值所在欄的平均數填滿該欄的缺失值，程式碼如下所示：

```
score.fillna(np.mean(score))
```

程式碼輸出結果如下所示。

	李四	王五	張三	趙六	周七	吳八
數學	90.00	91.0	89.00	96.0	NaN	92
語文	87.00	89.0	87.75	83.0	NaN	96
英語	89.25	88.2	87.75	88.6	NaN	86
物理	89.25	91.0	82.00	85.0	NaN	88
化學	90.00	88.0	85.00	99.0	NaN	82
生物	90.00	82.0	95.00	80.0	NaN	90

4.3 異常值的處理

異常值也被稱為離群值、離群點，就是那些遠離絕大多數樣本點的特殊群體，通常這樣的資料點在資料集中都表現出不合理的特性。如果忽視這些異常值，在某些建模場景下就會導致結論出現錯誤。

4.3.1 Excel 異常值的處理

在 Excel 中處理異常值的方法主要有：刪除含有異常值的記錄、將異常值視為缺失值、用平均數來修正等，如何判定和處理異常值，需要結合實際業務的情況來進行操作。

4.3.2 Python 異常值的檢測

在介紹使用 Pandas 程式庫處理異常值之前，先建立一個 4 名學生學習成績的資料集，程式碼如下所示：

```
import numpy as np
import pandas as pd
score = {'李四': [90,67,90,86,59,92],'王五': [91,93,86,91,108,82],'張三':
[89,90,86,82,85,95],'趙六': [96,83,56,105,0,108]}
score = pd.DataFrame(score, index=['數學', '語文', '英語', '物理','化學','生物'])
score
```

執行上述程式碼，建立的資料集如下所示。

```
      李四  王五  張三  趙六
數學   90   91   89   96
語文   67   93   90   83
英語   90   86   86   56
物理   86   91   82  105
化學   59  108   85    0
生物   92   82   95  108
```

由於學生的考試成績是百分制，因此超過 100 分的就可以認為是異常值。例如，尋找趙六考試成績中的異常資料，程式碼如下所示：

```
score[score['趙六']>100]
```

程式碼輸出結果如下所示。

```
      李四  王五  張三  趙六
物理   86   91   82  105
生物   92   82   95  108
```

還可以尋找所有人中不符合條件的成績有 1 個及 1 個以上的記錄，程式碼如下所示：

```
score[(score > 100).any(1)]
```

程式碼輸出結果如下所示。

```
      李四  王五  張三  趙六
物理   86   91   82  105
化學   59  108   85    0
生物   92   82   95  108
```

4.3.3　使用 replace() 函數處理異常值

可以使用 replace() 函數替換異常值。例如，使用 NaN 替換 0，程式碼如下：

```
score.replace(0, np.nan)
```

程式碼輸出結果如下所示。

```
      李四  王五  張三  趙六
數學   90   91   89  96.0
語文   67   93   90  83.0
英語   90   86   86  56.0
```

```
物理    86    91    82    105.0
化學    59    108   85    NaN
生物    92    82    95    108.0
```

如果希望一次替換多個值,則可以設定一個由需要替換的數值組成的列表及一個替換值。例如,使用 NaN 替換 0、105 和 108,程式碼如下所示:

```
score.replace([0,105,108], np.nan)
```

程式碼輸出結果如下所示。

```
        李四    王五     張三    趙六
數學    90     91.0    89     96.0
語文    67     93.0    90     83.0
英語    90     86.0    86     56.0
物理    86     91.0    82     NaN
化學    59     NaN     85     NaN
生物    92     82.0    95     NaN
```

還可以傳入一個替換清單讓每個資料有不同的替換值。例如,使用 NaN 替換 0、使用 100 替換 105 和 108,程式碼如下所示:

```
score.replace([0,105,108], [np.nan,100,100])
```

程式碼輸出結果如下所示。

```
        李四     王五     張三     趙六
數學    90.0    91.0    89.0    96.0
語文    67.0    93.0    90.0    83.0
英語    90.0    86.0    86.0    56.0
物理    86.0    91.0    82.0    100.0
化學    59.0    100.0   85.0    NaN
生物    92.0    82.0    95.0    100.0
```

傳入的參數也可以是字典,0 可能是學生請假缺考導致的,程式碼如下:

```
score.replace({0:'請假',105:100,108:100})
```

程式碼輸出結果如下所示。

```
        李四    王五    張三    趙六
數學    90     91     89     96
語文    67     93     90     83
英語    90     86     86     56
```

物理	86	91	82	100
化學	59	100	85	請假
生物	92	82	95	100

4.4　Python 處理金融資料案例實戰

金融資料是指金融行業所涉及的市場資料、公司資料、行業指數和定價資料等的統稱。凡是與金融行業相關的資料都可以被歸入金融市場的資料體系之中。在金融市場中,根據資料的頻率,金融資料分為低頻資料、高頻資料和超高頻資料三大類。

4.4.1　讀取證券交易所指數股票資料

Pandas 程式庫提供了專門從財經網站獲取金融時間序列資料的 API 介面,可作為量化交易股票資料獲取的另一種途徑。該介面在 urllib3 程式庫的基礎上實現了以客戶端身份存取網站的股票資料。

pandas-datareader 套件(若還沒安裝,請到命令提示字示模式中輸入 pip install pandas-datareader 安裝)中的 pandas_datareader.data.DataReader() 函數可以根據輸入的證券程式碼、起始日期和終止日期來返回所有歷史資料。函數的第 1 個參數為股票程式碼,形式為「股票程式碼」+「對應股市」,其中台灣證券交易所的股票需要在股票程式碼後面加上「.TW」,上海證券交易所的股票需要在股票程式碼後面加上「.SS」,深圳證券交易所的股票需要在股票程式碼後面加上「.SZ」。第 2 個參數是資料來源,如 Yahoo、Google 等網站,本節以從 Yahoo 財經獲取金融資料為例來進行相關介紹。第 3 個、第 4 個參數為股票資料的起始時間。

這裡需要使用 datetime() 函數、Pandas 程式庫和 pandas-datareader 套件,還可以使用 datetime.datetime.today() 函數來呼叫程式目前的日期。

先匯入相關的程式庫,程式碼如下所示:

```
import datetime
import pandas as pd
import pandas_datareader.data as pdr
```

在上述程式碼中，pandas_datareader.data 這個名稱顯然過長，因此給它起一個別名叫作 pdr，這樣在後文中使用 pandas_datareader.data.DataReader() 函數時，直接使用 pdr.DataReader() 函數即可。需要注意的是，這裡在 pandas_datareader 中使用的是底線「_」，而不是連接線「-」。

接下來，設定起始日期 start_date 和終止日期 end_date，使用 datetime.datetime() 函數指向給定日期。例如，使用 datetime.date.today() 函數指向程式目前的日期，並將結果保存到一個名為 stock_info 的變數中，程式碼如下所示：

```
start_date = datetime.datetime(2020,1,1)
end_date = datetime.date.today()
stock_info = pdr.DataReader("000001.SS", "yahoo", start_date, end_date)
```

也可以直接設定起始日期 start_date 和終止日期 end_date，再執行 pdr.DataReader() 函數並將其保存到變數中，程式碼如下所示：

```
import pandas_datareader.data as pdr
start_date = "2020-01-01"
end_date = "2020-10-01"
stock_info = pdr.DataReader("000001.SS", "yahoo", start_date, end_date)
```

下面使用 head() 函數查看金融資料的前 5 列記錄，程式碼如下所示：

```
stock_info.head()
```

執行上述程式碼可取得上證指數的資料，輸出結果如下所示。

Date	High	Low	Open	Close	Volume	Adj Close
2020-01-02	3098.100098	3066.335938	3066.335938	3085.197998	292500	3085.197998
2020-01-03	3093.819092	3074.518066	3089.021973	3083.785889	261500	3083.785889
2020-01-06	3107.202881	3065.309082	3070.908936	3083.407959	312600	3083.407959
2020-01-07	3105.450928	3084.329102	3085.488037	3104.802002	276600	3104.802002
2020-01-08	3094.239014	3059.131104	3094.239014	3066.893066	297900	3066.893066

可以看出，資料集的索引是 Date（日期），共有 High、Low、Open、Close 等 7 欄資料。

4.4.2　提取 2020 年 8 月資料

此外，雖然變數 stock_info 中包含 2020 年全年的資料，但是在不同的業務需求下，需要提取不同的資料。例如，可能只需要提取 2020 年 8 月的資料，也可能只需要提取 2020 年每個月的月底資料。

例如，提取 2020 年 8 月的資料，程式碼如下所示：

```
stock_info['2020-08'].head()
```

執行上述程式碼，只會輸出 2020 年 8 月上證指數的前 5 筆資料，輸出結果如下所示。

Date	High	Low	Open	Close	Volume	Adj Close
2020-08-03	3368.103027	3327.677002	3332.183105	3367.966064	407500	3367.966064
2020-08-04	3391.070068	3352.500000	3376.439941	3371.689941	442300	3371.689941
2020-08-05	3383.639893	3333.879883	3363.330078	3377.560059	385800	3377.560059
2020-08-06	3392.699951	3334.330078	3380.760010	3386.459961	415300	3386.459961
2020-08-07	3374.133057	3307.712891	3370.587891	3354.034912	403900	3354.034912

如果只需要輸出每個月最後一個交易日的上證指數資料，則可使用 resample() 函數和 last() 函數，程式碼如下所示：

```
stock_info.resample('M').last()
```

執行上述程式碼，輸出結果如下所示。

Date	High	Low	Open	Close	Volume	Adj Close
2020-01-31	3045.041016	2955.345947	3037.951904	2976.528076	272800	2976.528076
2020-02-29	2948.125977	2878.543945	2924.641113	2880.303955	401200	2880.303955
2020-03-31	2771.167969	2743.114990	2767.306885	2750.295898	218600	2750.295898
2020-04-30	2865.590088	2832.384033	2832.384033	2860.082031	242500	2860.082031
2020-05-31	2855.375977	2829.626953	2835.583984	2852.351074	206800	2852.351074
2020-06-30	2990.824951	2965.104980	2965.104980	2984.674072	215000	2984.674072
2020-07-31	3333.785889	3261.614014	3280.795898	3310.007080	353800	3310.007080
2020-08-31	3442.736084	3395.468018	3416.550049	3395.677979	323500	3395.677979
2020-09-30	3244.913086	3202.343994	3232.709961	3218.052002	153500	3218.052002

如果想要計算每個月股票相關指標的平均數，則可以使用 mean() 函數，程式碼如下所示：

```
stock_info.resample('M').mean()
```

執行上述程式碼，輸出結果如下所示。

Date	High	Low	Open	Close	Volume	Adj Close
2020-01-31	3096.047760	3062.227524	3082.987350	3078.654831	2.420938e+05	3078.654831
2020-02-29	2942.561096	2894.247656	2907.666296	2927.512793	3.268450e+05	2927.512793
2020-03-31	2880.552435	2821.531960	2852.835261	2852.063033	3.177045e+05	2852.063033
2020-04-30	2826.394008	2795.198126	2809.117432	2814.112677	2.243048e+05	2814.112677
2020-05-31	2879.231405	2852.580553	2867.967556	2867.084717	2.057556e+05	2867.084717
2020-06-30	2950.306946	2924.076794	2934.224524	2940.737866	2.349900e+05	2940.737866
2020-07-31	3321.412343	3244.052575	3278.270296	3288.827308	4.454348e+05	3288.827308
2020-08-31	3394.932524	3343.908877	3371.160784	3374.214053	3.504333e+05	3374.214053
2020-09-30	3311.438821	3269.523537	3295.020153	3288.863303	2.230000e+05	3288.863303
2020-10-31	3319.075134	3279.856918	3301.156006	3301.739685	1.898000e+05	3301.739685
2020-11-30	3360.622768	3324.611607	3342.221005	3345.486770	2.705048e+05	3345.486770
2020-12-31	3416.074930	3377.183636	3395.751433	3399.719514	2.802217e+05	3399.719514
2021-01-31	3587.039502	3535.011511	3562.260901	3566.427917	3.319850e+05	3566.427917

4.4.3　填滿非交易日缺失資料

下面來看一下時間序列資料中有缺失資料的操作。如果想要查看股票每日的價格資訊，則可以使用 resample() 函數重新採樣每一天的資料，程式碼如下：

```
stock_info.resample('D').last().head()
```

執行上述程式碼，輸出結果如下所示。我們可以看出，2020 年 1 月 4 日和 1 月 5 日的資料都為 NaN。

Date	High	Low	Open	Close	Volume	Adj Close
2020-01-02	3098.100098	3066.335938	3066.335938	3085.197998	292500.0	3085.197998
2020-01-03	3093.819092	3074.518066	3089.021973	3083.785889	261500.0	3083.785889
2020-01-04	NaN	NaN	NaN	NaN	NaN	NaN
2020-01-05	NaN	NaN	NaN	NaN	NaN	NaN
2020-01-06	3107.202881	3065.309082	3070.908936	3083.407959	312600.0	3083.407959

下面使用 ffill() 函數對缺失資料進行填滿,這裡使用前一天的交易資料來填滿,程式碼如下所示:

```
stock_info.resample('D').ffill().head()
```

執行上述程式碼,輸出結果如下所示。

Date	High	Low	Open	Close	Volume	Adj Close
2020-01-02	3098.100098	3066.335938	3066.335938	3085.197998	292500	3085.197998
2020-01-03	3093.819092	3074.518066	3089.021973	3083.785889	261500	3083.785889
2020-01-04	3093.819092	3074.518066	3089.021973	3083.785889	261500	3083.785889
2020-01-05	3093.819092	3074.518066	3089.021973	3083.785889	261500	3083.785889
2020-01-06	3107.202881	3065.309082	3070.908936	3083.407959	312600	3083.407959

也可以使用 mean() 函數對該欄資料的平均數進行填滿,程式碼如下:

```
import numpy as np
df = stock_info.resample('D').last()
df.fillna(np.mean(df)).head()
```

執行上述程式碼,輸出結果如下所示。

Date	High	Low	Open	Close	Volume	Adj Close
2020-01-02	3098.100098	3066.335938	3066.335938	3085.197998	292500.000000	3085.197998
2020-01-03	3093.819092	3074.518066	3089.021973	3083.785889	261500.000000	3083.785889
2020-01-04	3333.038034	3289.291746	3311.362879	3313.792640	929742.711965	3313.792640
2020-01-05	3333.038034	3289.291746	3311.362879	3313.792640	929742.711965	3313.792640
2020-01-06	3107.202881	3065.309082	3070.908936	3083.407959	312600.000000	3083.407959

4.4.4　使用 diff() 函數計算資料偏移

Pandas 程式庫中的 diff() 函數用來將資料進行某種移動之後與原資料進行比較得出差異。例如,計算兩個相鄰交易日資料之間的一階差分,程式碼如下:

```
stock_info.diff(1).head()
```

執行上述程式碼,計算金融時間序列資料的一階差分,輸出結果如下所示。

	High	Low	Open	Close	Volume	Adj Close
Date						
2020-01-02	NaN	NaN	NaN	NaN	NaN	NaN
2020-01-03	-4.281006	8.182129	22.686035	-1.412109	-31000.0	-1.412109
2020-01-06	13.383789	-9.208984	-18.113037	-0.377930	51100.0	-0.377930
2020-01-07	-1.751953	19.020020	14.579102	21.394043	-36000.0	21.394043
2020-01-08	-11.211914	-25.197998	8.750977	-37.908936	21300.0	-37.908936

2020 年 1 月 2 日的資料為 NaN，是因為它的前一天（2020 年 1 月 1 日）沒有交易。同理，如果執行的是二階差分，則 2020 年 1 月 3 日的資料也是 NaN。

此外，對於時間序列資料，還可以使用 pct_change() 函數來計算指標的增長率，程式碼如下所示：

```
stock_info.pct_change().head()
```

執行上述程式碼，輸出結果如下所示。

	High	Low	Open	Close	Volume	Adj Close
Date						
2020-01-02	NaN	NaN	NaN	NaN	NaN	NaN
2020-01-03	-0.001382	0.002668	0.007398	-0.000458	-0.105983	-0.000458
2020-01-06	0.004326	-0.002995	-0.005864	-0.000123	0.195411	-0.000123
2020-01-07	-0.000564	0.006205	0.004747	0.006938	-0.115163	0.006938
2020-01-08	-0.003610	-0.008170	0.002836	-0.012210	0.077007	-0.012210

4.5　上機實作題

練習 1：檢查和處理「員工考核.xls」中的缺失值，並使用最大值進行填滿。

提示：

```
data = pd.read_excel('F:\Python+office-Samples\ch04\員工考核.xlsx')
data.isnull()
data.fillna(np.max(data))
```

練習 2：檢查和處理「員工考核.xls」中的異常值，並使用中位數進行填滿。

提示：

```
data = pd.read_excel('F:\Python+office-Samples\ch04\員工考核.xlsx')
data.isnull()
data.replace([0,101],np.median(data['年齡']))
```

練習 3：利用 DataReader() 函數，統計 2022 年 8 月份台積電 2330.tw 的交易日資料。

提示：

```
start_date = "2022-01-01"
end_date = "2022-09-30"
stock_info = pdr.DataReader("2330.TW", "yahoo", start_date, end_date)
stock_info['2022-08']
```

第 5 章
利用 Python 進行資料分析

在對資料進行清洗後，就需要使用合適的統計分析方法對其進行分析，將它們加以匯總和理解並消化，以便最大化開發資料的功能，發揮資料的作用。本章將介紹如何利用 Python 進行資料分析，包括 Python 敘述統計分析、Python 相關分析、Python 線性迴歸分析。

5.1　Python 敍述統計分析

在資料分析中，最基本的分析方法便是敍述統計分析，其可以瞭解平均數、變異數等，揭示資料的分佈特性，在集中趨勢分析、離散程度分析及分佈中應用比較廣泛。

如果使用 Excel 進行敍述統計分析，則需要先載入資料分析的功能。選取「檔案」→「其他…」→「選項」命令，打開「Excel 選項」對話方塊。在其中點選左側的「增益集」選項，在「管理」下拉列表方塊中選取「Excel 增益集」選項，按一下「執行」按鈕。打開「增益集」對話方塊，並勾選對應的選項進行載入，如圖 5-1 所示。

圖 5-1　「增益集」對話方塊

之後可以使用資料分析工具進行操作。按一下「資料」→「分析」→「資料分析」按鈕，打開「資料分析」對話方塊，如圖 5-2 所示。在「分析工具」列表方塊中選取「敍述統計」選項，按一下「確定」按鈕，最後對輸出選項中進行設定即可。

圖 5-2　「資料分析」對話方塊

本節介紹如何使用 Python 進行敘述統計分析。為了更好地介紹資料分析的基礎指標，下面還是以 4 名學生 6 門課程的考試成績為例進行介紹，建立資料集的程式碼如下所示：

```
import numpy as np
import pandas as pd
score = {'張三': [89,98,85,82,85,95],'李四': [90,91,87,92,95,85],
        '王五': [91,85,89,92,88,82],'趙六': [96,90,83,85,99,80]}
score = pd.DataFrame(score, index=['數學', '語文', '英語', '物理','化學', '生物'])
score
```

執行上述程式碼，建立的資料集如下所示。

	張三	李四	王五	趙六
數學	89	90	91	96
語文	98	91	85	90
英語	85	87	89	83
物理	82	92	92	85
化學	85	95	88	99
生物	95	85	82	80

5.1.1　平均數及案例

平均數（這裡指算術平均數）是一個比較重要的表示總體集中趨勢的統計量。根據所掌握資料的表現形式不同，算術平均數有簡單算術平均數和加權算術平均數兩種。

1. 簡單算術平均數

簡單算術平均數是將總體中各單位每一個標記值相加得到標記總量,再除以單位總量而求出的平均指標。其計算公式如下所示。

$$\overline{X} = \frac{X_1 + X_2 + \cdots + X_n}{n} = \frac{\sum X}{n}$$

簡單算術平均數適用於總體單位數較少的未分組資料。如果所給的資料是已經被分組的次數分佈數列,則算術平均數的計算應該採用「加權算術平均數」的形式來處理。

例如,統計每名學生的考試成績,程式碼如下所示:

```
score.mean()
```

程式碼輸出結果如下所示。

```
張三      89.000000
李四      90.000000
王五      87.833333
趙六      88.833333
dtype: float64
```

還可以設定參數 axis,對列資料或欄資料求平均數,參數 axis 的預設值是 0,即對欄資料(每位學生)求平均數,程式碼如下所示:

```
score.mean(axis=0)
```

程式碼輸出結果如下所示。

```
張三      89.000000
李四      90.000000
王五      87.833333
趙六      88.833333
dtype: float64
```

當 axis=1 時,表示對列資料(每門課程)求平均數,程式碼如下所示:

```
score.mean(axis=1)
```

程式碼輸出結果如下所示。

```
數學    91.50
語文    91.00
英語    86.00
物理    87.75
化學    91.75
生物    85.50
dtype: float64
```

2. 加權算術平均數

加權算術平均數是先用各組的標記值乘以對應的各組單位數，求出各組標記總量，並將各組標記總量相加求得總體標記總量，再將總體標記總量除以總體單位總量。其計算公式如下所示。

$$\bar{X} = \frac{f_1 X_1 + f_2 X_2 + \cdots + f_n X_n}{f_1 + f_2 + \cdots + f_n} = \frac{\sum fX}{\sum f}$$

其中，f_n 表示各組的單位數或頻數和權數。

在 NumPy 中，使用 average() 函數求加權算術平均數。例如，指定課程權重為 [1,2,3,3,2,1]，對每位學生求加權算術平均數，程式碼如下所示：

```
np.average(score,axis=0,weights=[1,2,3,3,2,1])
```

程式碼輸出結果如下所示。

```
array([87.58333333, 90.33333333, 88.5, 88.16666667])
```

例如，指定學生權重為 [1,2,3,3]，對每門課程求加權算術平均數，程式碼如下所示：

```
np.average(score,axis=1,weights=[1,2,3,3])
```

程式碼輸出結果如下所示。

```
array([92.22222222, 89.44444444, 86.11111111, 88.55555556, 92.88888889,
83.44444444])
```

5.1.2 中位數及案例

中位數（Median）也是一個比較重要的表示總體集中趨勢的統計量。它將總體單位的某一個變數的各個變數值按大小順序排列，處在數列中間位置的變數值就是中位數。

計算步驟如下：將各個變數值按大小順序排列，當 *n* 為奇數項時，中位數就是居於中間位置的變數值；當 *n* 為偶數項時，中位數就是位於中間位置的兩個變數值的算術平均數。

可以使用 median() 函數計算每位學生成績的中位數，程式碼如下所示：

```
score.median()
```

程式碼輸出結果如下所示。

```
張三      87.0
李四      90.5
王五      88.5
趙六      87.5
dtype: float64
```

當 axis=1 時，計算每門課程成績的中位數，程式碼如下所示：

```
score.median(axis=1)
```

程式碼輸出結果如下所示。

```
數學      90.5
語文      90.5
英語      86.0
物理      88.5
化學      91.5
生物      83.5
dtype: float64
```

5.1.3 變異數及案例

變異數（variance，或譯方差、變方）是一個比較重要的表示總體離中趨勢的統計量。它是總體各單位的變數值與其算術平均數的離差平方的算術平均數，用 σ^2 表示。

變異數的計算公式如下所示。

$$\sigma^2 = \frac{\sum(X-\bar{X})^2}{n}$$

可以使用 var() 函數計算每位學生成績的變異數，程式碼如下所示：

```
score.var()
```

程式碼輸出結果如下所示。

```
張三    39.600000
李四    12.800000
王五    14.166667
趙六    56.566667
dtype: float64
```

當 axis=1 時，計算每門課程成績的變異數，程式碼如下所示：

```
score.var(axis=1)
```

程式碼輸出結果如下所示。

```
數學     9.666667
語文    28.666667
英語     6.666667
物理    25.583333
化學    40.916667
生物    44.333333
dtype: float64
```

5.1.4　標準差及案例

標準差是另一個比較重要的表示總體離中趨勢的統計量。與變異數不同的是，標準差具有因次（base unit，又稱量綱），它與變數值的計量單位相同，其實際意義要比變異數清楚。因此，在對社會經濟現象進行分析時，往往更多地使用標準差。

變異數的平方根就是標準差，標準差的計算公式如下所示。

$$\sigma = \sqrt{\frac{\sum(X - \bar{X})^2}{n}}$$

可以使用 std() 函數計算每位學生成績的標準差，程式碼如下所示：

```
score.std()
```

程式碼輸出結果如下所示。

```
張三    6.292853
李四    3.577709
王五    3.763863
趙六    7.521081
dtype: float64
```

當 axis=1 時，計算每門課程成績的標準差，程式碼如下所示：

```
score.std(axis=1)
```

程式碼輸出結果如下所示。

```
數學    3.109126
語文    5.354126
英語    2.581989
物理    5.057997
化學    6.396614
生物    6.658328
dtype: float64
```

5.1.5　百分位數及案例

如果將一組資料排序，並計算相應的累計百分位，則某個百分位元所對應資料的值就被稱為百分位數。常用的有四分位數，是指將資料分為四等分，分別位於 25%、50% 和 75% 的百分位數。

百分位數適合定序資料計算，不能用於定類資料計算，它的優點是不受極端值的影響。

可以使用 quantile() 函數計算百分位元數，程式碼如下所示：

```
score.quantile()
```

程式碼輸出結果如下所示。

```
張三     87.0
李四     90.5
王五     88.5
趙六     87.5
Name: 0.5, dtype: float64
```

在 quantile() 函數中，參數百分位元點 q 的預設值是 0.5，即輸出的是 50% 處的資料，參數插值方法 interpolation 的預設值是 linear，程式碼如下：

```
score.quantile(q=0.5, interpolation='linear')
```

程式碼輸出結果如下所示。

```
張三     87.0
李四     90.5
王五     88.5
趙六     87.5
Name: 0.5, dtype: float64
```

還可以計算每位學生考試成績 75% 的百分位數，程式碼如下所示：

```
score.quantile(q=0.75, interpolation='linear')
```

程式碼輸出結果如下所示。

```
張三     93.50
李四     91.75
王五     90.50
趙六     94.50
Name: 0.75, dtype: float64
```

5.1.6　變異係數及案例

變異係數是將標準差或平均差與其平均數對比所得的比值，又被稱為離散係數。其計算公式如下所示。

$$V_\sigma = \frac{\sigma}{\overline{X}}$$

V_σ 表示標準差。變異係數是一個無名數的數值，可用於比較不同數列的變異程度。其中，最常用的變異係數是標準差係數。

計算每位學生成績的變異係數，程式碼如下所示：

```
score.std()/score.mean()
```

程式碼輸出結果如下所示。

```
張三      0.070706
李四      0.039752
王五      0.042852
趙六      0.084665
dtype: float64
```

當 axis=1 時，計算每門課程成績的變異係數，程式碼如下所示：

```
score.std(axis=1)/score.mean(axis=1)
```

程式碼輸出結果如下所示。

```
數學      0.033980
語文      0.058837
英語      0.030023
物理      0.057641
化學      0.069718
生物      0.077875
dtype: float64
```

5.1.7 偏度及案例

偏度是對資料分佈偏斜方向及程度的測量。三階中心矩除以標準差的三次方的方法計算偏度。偏度用 a_3 表示。其計算公式如下所示。

$$a_3 = \frac{\sum f(X - \bar{X})^3}{\sigma^3 \sum f}$$

在公式中，當計算結果為正數時，表示分佈為右偏；當計算結果為負數時，表示分佈為左偏。

計算每位學生考試成績的偏度，程式碼如下所示：

```
score.skew()
```

程式碼輸出結果如下所示。

```
張三     0.570633
李四    -0.117918
王五    -0.650146
趙六     0.335964
dtype: float64
```

當 axis=1 時，計算每門課程考試成績的偏度，程式碼如下所示：

```
score.skew(axis=1)
```

程式碼輸出結果如下所示。

```
數學     1.597078
語文     0.547285
英語     0.000000
物理    -0.295594
化學     0.140413
生物     1.463485
dtype: float64
```

5.1.8　峰度及案例

峰度是將頻數分佈曲線與常態分佈相比較，它是用來反映頻數分佈曲線頂端尖峭或扁平程度的指標。四階中心矩除以標準差的四次方的方法計算峰度。其計算公式如下所示。

$$a_4 = \frac{\sum f(X - \bar{X})^4}{\sigma^4 \sum f}$$

當 $a_4 = 3$ 時，表示分佈曲線為常態分佈。

當 $a_4 < 3$ 時，表示分佈曲線為平峰分佈。

當 $a_4 > 3$ 時，表示分佈曲線為尖峰分佈。

計算每位學生考試成績的峰度，程式碼如下所示：

```
score.kurtosis()
```

程式碼輸出結果如下所示。

```
張三   -1.442455
李四   -0.490723
王五   -0.578159
趙六   -1.702873
dtype: float64
```

當 axis=1 時，計算每門課程考試成績的峰度，程式碼如下所示：

```
score.kurtosis(axis=1)
```

程式碼輸出結果如下所示。

```
數學    2.703924
語文    1.500000
英語   -1.200000
物理   -4.318391
化學   -3.250011
生物    2.120301
dtype: float64
```

5.2　Python 相關分析

相關分析用於研究定量資料之間的關係，包括是否有關係、關係緊密程度等，通常用於迴歸分析之前。例如，某電商平台需要研究客戶滿意度和重複購買意願之間是否有關係，以及關係緊密程度如何時，就需要進行相關分析。

Excel 作為一個基本的資料分析工具，同樣可以進行相關分析。學習用 Excel 進行相關分析可以讓使用者更好地理解相關分析的原理。

在 Excel 中計算相關係數有以下兩種方法。

1）　可以直接利用 Excel 中的相關係數函數 correl() 計算相關係數，也可以使用皮爾森相關係數函數 person() 計算相關係數。例如，計算辦公用品類和技術類商品訂單量的相關係數，如圖 5-3 所示。

圖 5-3　使用函數計算相關係數

2） 也可以使用 Excel 中的資料分析工具進行操作。在「資料分析」對話方塊中的「分析工具」列表方塊中，選取「相關係數」選項，如圖 5-4 所示，按一下「確定」按鈕，新增相關資料即可。

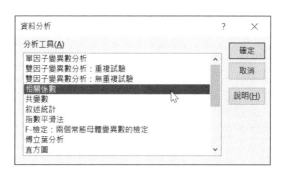

圖 5-4　選擇「相關係數」選項

本節使用 Python 進行相關分析。對於不同類型的變數，相關係數的計算公式也不同。在相關分析中，常用的相關係數主要有皮爾森相關係數、斯皮爾曼等級相關係數、肯德爾相關係數等。

5.2.1 皮爾森相關係數

皮爾森相關係數用於反映兩個連續性變數之間的線性相關程度。

當用於總體時，皮爾森相關係數記作 ρ，公式如下所示。

$$\rho_{X,Y} = \frac{\text{cov}(X,Y)}{\sigma_X \sigma_Y}$$

其中，$\text{cov}(X,Y)$ 是 X、Y 的協變異數，σ_X 是 X 的標準差，σ_Y 是 Y 的標準差。

當用於樣本時，皮爾森相關係數記作 r，公式如下所示。

$$r = \frac{\sum_{i=1}^{n} (X_i - \bar{X})(Y_i - \bar{Y})}{\sqrt{\sum_{i=1}^{n} (X_i - \bar{X})^2} \sqrt{\sum_{i=1}^{n} (Y_i - \bar{Y})^2}}$$

其中，n 是樣本數量，X_i 和 Y_i 是變數 X、Y 對應的第 i 點觀測值，$\bar{X}$ 是 X 樣本平均數，$\bar{Y}$ 是 Y 樣本平均數。

想要理解皮爾森相關係數，先要理解協變異數。協變異數可以反映兩個隨機變數之間的關係，如果一個變數跟隨另一個變數一起變大或變小，則這兩個變數的協變異數是正值，表示這兩個變數之間呈正相關，反之亦然。

由公式可知，皮爾森相關係數是用協變異數除以兩個變數的標準差得到的。如果協變異數的值是一個很大的正數，則我們可以得到以下兩種可能的結論。

■ 兩個變數之間呈很強的正相關性，這是因為 X 或 Y 的標準差相對很小。

■ 兩個變數之間並沒有很強的正相關性，這是因為 X 或 Y 的標準差很大。

當兩個變數的標準差都不為零時，皮爾森相關係數才有意義。皮爾森相關係數適用於以下 3 種情況。

■ 兩個變數之間是線性關係，都是連續資料。

■ 兩個變數的總體是常態分佈，或者接近常態的單峰分佈。

■ 兩個變數的觀測值是成對的，每對觀測值之間相互獨立。

需要注意的是，簡單相關係數所反映的並不是任何一種確定關係，而僅僅是線性關係。另外，相關係數所反映的線性關係並不一定是因果關係。

可以使用 corr() 函數計算皮爾森相關係數，程式碼如下所示：

```
score.corr()
```

程式碼輸出結果如下所示。

```
       張三       李四       王五       趙六
張三   1.000000 -0.381985 -0.802181 -0.139449
李四  -0.381985  1.000000  0.475271  0.787863
王五  -0.802181  0.475271  1.000000  0.352075
趙六  -0.139449  0.787863  0.352075  1.000000
```

參數 method 可以指定計算類型，預設值是皮爾森相關係數，程式碼如下：

```
score.corr(method='pearson')
```

程式碼輸出結果如下所示。

```
       張三       李四       王五       趙六
張三   1.000000 -0.381985 -0.802181 -0.139449
李四  -0.381985  1.000000  0.475271  0.787863
王五  -0.802181  0.475271  1.000000  0.352075
趙六  -0.139449  0.787863  0.352075  1.000000
```

5.2.2　斯皮爾曼相關係數

斯皮爾曼相關係數用 ρ 表示，它利用單調方程評價兩個統計變數的相關性，是衡量兩個定序變數依賴性的非參數指標。如果資料中沒有重複值，並且兩個變數完全單調相關，則斯皮爾曼相關係數就為 +1 或 −1，計算公式如下。

$$\rho = 1 - \frac{6\sum_{i=1}^{N} d_i^2}{N(N^2 - 1)}$$

其中，N 為變數 X、Y 的元素個數，第 i（$1 \leq i \leq N$）個值分別用 X_i、Y_i 表示。

先對 X、Y 進行排序（同時為昇冪或降冪），得到兩個元素的排序集合。其中，元素 x_i 為 X_i 在 X 中的排行，元素 y_i 為 Y_i 在 Y 中的排行，將集合中的元素對應相減得到一個等級差分集合 $d_i = x_i - y_i$。

斯皮爾曼相關係數表明 X（獨立變數）和 Y（依賴變數）的相關方向。當 X 增加時，Y 趨向於增加，斯皮爾曼相關係數為正數。當 X 減少時，Y 趨向於減少，斯皮爾曼相關係數為負數。當斯皮爾曼相關係數為 0 時，表明當 X 增加時，Y 沒有任何趨向性。當 X 和 Y 越來越接近完全的單調相關時，斯皮爾曼相關係數的絕對值就會增大。當 X 和 Y 完全單調相關時，斯皮爾曼相關係數的絕對值為 1。

可以透過設定參數 method 指定斯皮爾曼相關係數，程式碼如下所示：

```
score.corr(method='spearman')
```

程式碼輸出結果如下所示。

```
        張三         李四        王五        趙六
張三   1.000000  -0.434828  -0.753702  -0.086966
李四  -0.434828   1.000000   0.371429   0.771429
王五  -0.753702   0.371429   1.000000   0.257143
趙六  -0.086966   0.771429   0.257143   1.000000
```

5.2.3　肯德爾相關係數

肯德爾相關係數是以 Maurice Kendall 命名的，並使用希臘字母 τ（Tau）表示其值。肯德爾相關係數是一個用來測量兩個隨機變數相關性的統計值。一個肯德爾檢驗是一個無參數假設檢驗，它使用透過計算得來的相關係數來檢驗兩個隨機變數的統計依賴性。肯德爾相關係數的取值範圍為 -1～1。當 $\tau=1$ 時，表示兩個隨機變數擁有一致的等級相關性；當 $\tau=-1$ 時，表示兩個隨機變數擁有完全相反的等級相關性；當 $\tau=0$ 時，表示兩個隨機變數是相互獨立的。

假設兩個隨機變數分別為 X 和 Y（也可以看成兩個集合），它們的元素個數均為 N，兩個隨機變數取的第 i（$1 \le i \le N$）個值分別用 X_i、Y_i 表示。X 與 Y 中的對應元素組成一個元素對集合 (X,Y)，其包含的元素為 (X_i, Y_i)（$1 \le i \le N$）。當集合 (X,Y) 中任意兩個元素 (X_i, Y_i) 與 (X_j, Y_j) 的等級相同時，也就是說當出現情況 1 或情況 2 時（情況 1，$X_i > X_j$ 且 $Y_i > Y_j$；情況 2，$X_i < X_j$ 且 $Y_i < Y_j$），這兩個元素被認為是一致的。當出現情況 3 或情況 4 時（情況 3，$X_i > X_j$ 且 $Y_i < Y_j$；情況 4，$X_i < X_j$ 且 $Y_i > Y_j$），這兩個元素被認為是不一致的。當出現情況 5 或情況 6 時（情況 5，$X_i = X_j$；情況 6，$Y_i = Y_j$），這兩個元素被認為既不是一致的又不是不一致的。

肯德爾相關係數的計算公式如下所示。

1）　當變數中不存在相同元素時，肯德爾相關係數的計算公式如下所示。

$$T_{au-a} = \frac{2(C-D)}{N(N-1)}$$

其中，C 表示集合 (X,Y) 中擁有一致性的元素對數（兩個元素為一對），D 表示集合 (X,Y) 中擁有不一致性的元素對數。

2）　當變數中存在相同元素時，肯德爾相關係數的計算公式如下所示。

$$T_{au-b} = \frac{C-D}{\sqrt{(N_3-N_1)(N_3-N_2)}}$$

其中，

$$N_1 = \sum_{i=1}^{s} \frac{1}{2} U_i(U_i-1)$$

$$N_2 = \sum_{i=1}^{t} \frac{1}{2} V_i(V_i-1)$$

$$N_3 = \frac{1}{2} N(N-1)$$

N_1、N_2 分別是針對集合 (X,Y) 計算的。下面以計算 N_1 為例，列出 N_1 的由來：將集合 X 中的相同元素分別組合成小集合，s 表示集合 X 中擁有的小集合數（如果集合 X 中包含的元素為 1 2 3 4 3 3 2，那麼這裡得到的 s 為 2，因為只有數字 2 和 3 有相同元素），U_i 表示第 i 個小集合中所包含的元素數。N_2 是在集合 Y 的基礎上計算得來的。

可以透過設定參數 method 指定肯德爾相關係數，程式碼如下所示：

```
score.corr(method='kendall')
```

程式碼輸出結果如下所示。

```
          張三        李四        王五        趙六
張三   1.000000   -0.276026   -0.552052   -0.138013
```

李四	-0.276026	1.000000	0.333333	0.600000
王五	-0.552052	0.333333	1.000000	0.200000
趙六	-0.138013	0.600000	0.200000	1.000000

可以看出相關係數皮爾森、斯皮爾曼和肯德爾，均用於描述相關關係程度，判斷標準也基本一致。通常，當相關係數的絕對值大於 0.7 時，表示兩個變數之間具有非常強的相關關係；當相關係數的絕對值大於 0.4 時，表示兩個變數之間具有強的相關關係；當相關係數的絕對值小於 0.2 時，表示兩個變數之間具有較弱的相關關係。

皮爾森、斯皮爾曼和肯德爾三類相關係數的應用場景存在明顯的差異，如表 5-1 所示。

表 5-1 三類相關係數的區別

相關係數	使用場景	備注
皮爾森	定量資料，資料基本滿足常態性	常態圖用於查看常態性，散佈圖用於展示資料關係
斯皮爾曼	定量資料，資料基本不滿足常態性	散佈圖用於查看常態性，散點圖用於展示資料關係
肯德爾	定量資料一致性判斷	通常用於評分資料的一致性研究，如評委評分

皮爾森相關係數經常被使用，不過其在使用時有一個條件，即變數需要服從常態分佈。當變數不符合常態分佈時，就需要使用斯皮爾曼相關係數（但是當樣本量大於一定數量時，變數也會近似地服從常態分佈，因此也可以使用皮爾森相關係數）。無論是皮爾森相關係數還是斯皮爾曼相關係數，其實際依然是研究相關關係的，其結論並不會有太大區別，並且資料常態分佈通常在理想狀態下才會成立。因而，在現實研究中使用皮爾森相關係數的情況較多。肯德爾相關係數多用於計算評分一致性，如評委評分等。

5.3　Python 線性迴歸分析

迴歸分析是研究一個變數（被解釋變數）與另一個變數或幾個變數（解釋變數）的具體依賴關係的計算方法和理論。此方法是從一組樣本資料出發，確定變數之間的數學關係式，並對這些關係式的可信程度進行各種統計檢驗，從影響某一個特定變數的諸多變數中找出哪些變數的影響顯著，哪些變數的影響不顯著。可以利用所求的關係式，根據一個變數或幾個變數的取值來預測或控制另一個特定變數的取值，同時列出這種預測或控制的精確程度。

在 Excel 中可以使用資料分析工具進行線性迴歸分析。在「資料分析」對話方塊的「分析工具」列表方塊中，選取「迴歸」選項，如圖 5-5 所示，按一下「確定」按鈕，再加入相關指標資料即可。

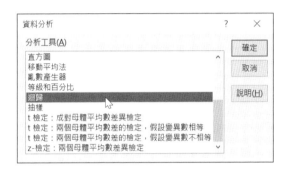

圖 5-5　選取「迴歸」選項

迴歸分析分為線性迴歸、邏輯迴歸、Lasso 迴歸與 Ridge 迴歸等類型，本節將詳細介紹如何使用 Python 進行線性迴歸分析，包括線性迴歸模型簡介、線性迴歸模型建模等，並透過汽車銷售商的銷售資料預測汽車的銷售價格。

5.3.1　線性迴歸模型簡介

線性迴歸是利用迴歸方程式（函數）對一個或多個自變數（特徵值）和因變數（目標值）之間的關係進行建模的一種分析方法。線性迴歸能夠用一條直線較為精確地描述資料之間的關係。這樣，當出現新的資料時，就能夠預測出一個簡單的值。線性迴歸中常見的案例就是預測房屋面積和房價的問題。在線性迴歸中，只有一個自變數的情況被稱為一元線性迴歸，有一個或多個自變數的情況被稱為多元線性迴歸。

多元線性迴歸模型是日常工作中應用頻繁的模型，公式如下所示。

$$y = \beta_0 + \beta_1 x_1 + \beta_2 x_2 + \ldots + \beta_k x_k + \varepsilon$$

其中，$x_1, \cdots, x_k$ 是自變數，y 是因變數，β_0 是截距，$\beta_1, \ldots, \beta_k$ 是變數迴歸係數，ε 是誤差項的隨機變數。

對於誤差項有以下 3 個假設條件。

■ 誤差項 ε 是一個期望為 0 的隨機變數。

■ 對於自變數的所有值，誤差項 ε 的變異數都相同。

■ 誤差項 ε 是一個服從常態分佈的隨機變數，且相互獨立。

想要預測值盡量準確，就必須讓真實值與預測值的差值最小，即讓誤差平方和最小，使用如下所示的公式來表達，具體推導過程可參考相關的資料。

$$J(\beta) = \sum (y - X\beta)^2$$

損失函數只是一種策略，有了該策略，我們還要用適合的演算法進行求解。在線性迴歸模型中，求解損失函數就是求與自變數相對應的各個迴歸係數和截距。有了這些參數，我們才能實現模型的預測。

對於誤差平方和損失函數的求解方法有很多，如最小平方法、梯度下降法等，具體介紹如下。

最小平方法的特點：

■ 得到的是全域最優解，因為一步到位，直接求極值，所以步驟簡單。

■ 線性迴歸的模型假設，這是最小平方法的優越性前提。

梯度下降法的特點：

■ 得到的是局部最優解，因為是一步步反覆運算的，而非直接求得極值。

■ 既可以用於線性模型，又可以用於非線性模型，無特殊限制和假設條件。

在迴歸分析中，還需要進行線性迴歸診斷。線性迴歸診斷是對線性迴歸分析中的假設及資料的檢驗與分析，主要的衡量值是判定係數和估計標準誤差。

1. 判定係數

迴歸直線與各觀測點的接近程度成為迴歸直線對資料的擬合優度。而評判直線擬合優度需要一些指標，其中一個指標就是判定係數。

我們知道，因變數 y 值有來自以下兩個方面的影響。

■　來自 x 值的影響，也就是我們預測的主要依據。

■　來自無法預測的干擾項的影響。

如果線性迴歸的預測非常準確，它就需要讓來自 x 的影響盡可能大，而讓來自無法預測的干擾項的影響盡可能小。也就是說，x 的影響占比愈高，預測效果就會越好。下面來看一下如何定義這些影響，並形成指標。其公式如下所示。

$$SST = \sum \left(y_i - \overline{y} \right)^2$$

$$SSR = \sum \left(\hat{y}_i - \overline{y} \right)^2$$

$$SSE = \sum \left(y_i - \hat{y} \right)^2$$

SST（總平方和）：偏差總平方和。

SSR（迴歸平方和）：由 x 與 y 之間的線性關係引起的 y 的變化。

SSE（殘差平方和）：除 x 的影響之外的其他因素引起的 y 的變化。

總平方和、迴歸平方和、殘差平方和三者之間的關係如圖 5-6 所示。

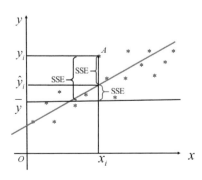

圖 5-6　總平方和、迴歸平方和、殘差平方和三者之間的關係

它們之間的關係是：如果 SSR 的值越大，則表示迴歸預測會越準確，觀測點也就越靠近直線，直線擬合就會越好。因此，判定係數的定義就被自然地引出來了，我們一般稱為 R^2，其公式如下所示。

$$R^2 = \frac{SSR}{SST} = 1 - \frac{SSE}{SST}$$

2. 估計標準誤差

判定係數 R^2 的意義是根據由 x 引起的影響占總影響的比例來判斷擬合程度。當然，我們也可以從誤差的角度去評估，也就是用 SSE 進行判斷。估計標準誤差是說明實際值與其估計值之間相對偏離程度的指標，可以度量實際觀測點在直線周圍散佈的情況。其公式如下所示。

$$S_\varepsilon = \sqrt{\frac{SSE}{n-2}} = \sqrt{MSE}$$

估計標準誤差與判定係數相反，S_ε 反映了預測值與真實值之間誤差的大小。誤差越小，就說明擬合度越高；相反，誤差越大，就說明擬合度越低。

線性迴歸主要用來解決連續性數值預測的問題，目前它在經濟、金融、社會、醫療等領域都有廣泛的應用，如我們要研究有關吸煙對死亡率和發病率的影響等。此外，線性迴歸還在以下諸多方面得到了很好的應用。

■ 客戶需求預測：透過海量的買家和賣家交易資料等，對未來商品的需求進行預測。

■ 電影票房預測：透過歷史票房資料、影評資料等公眾資料，對電影票房進行預測。

■ 湖泊面積預測：透過研究湖泊面積變化的多種影響因素，構建湖泊面積預測模型。

■ 房地產價格預測：利用相關歷史資料分析影響商品房價格的因素並進行模型預測。

■ 股價波動預測：某公司在搜尋引擎中的搜索量代表了該股票被投資者關注的程度。

■ 人口增長預測：透過歷史資料分析影響人口增長的因素，對未來人口數量進行預測。

5.3.2　線性迴歸模型建模

線性迴歸透過規定因變數和自變數來確定變數之間的因果關係，建立線性迴歸模型，並根據實測資料求解模型的各個參數，然後評價迴歸模型是否能夠很好地擬合實測資料。如果能夠很好地擬合實測資料，就可以根據自變數進行進一步的預測，否則需要優化模型或更換模型。

線性迴歸模型的建模過程比較簡單，具體步驟如下：

1. 確定變數

明確預測的具體目標，也就確定了因變數。例如，預測具體目標是 2021 年第一季度的銷售量，那麼銷售量 Y 就是因變數。透過市場調查和查閱資料，尋找與預測目標的相關影響因素，即自變數，並從中選出主要的影響因素。

2. 建立預測模型

依據自變數和因變數的歷史統計資料進行計算，在此基礎上建立迴歸分析方程式，即迴歸分析預測模型。

3. 進行相關分析

迴歸分析是對具有因果關係的影響因素（自變數）和預測物件（因變數）所進行的數理統計分析處理。只有當自變數與因變數確實存在某種關係時，建立的迴歸方程式才有意義。因此，作為自變數的因素與作為因變數的預測對象是否有關、相關程度如何，以及判斷這種相關程度的把握性多大，就成為進行迴歸分析必須要解決的問題。在進行迴歸分析時，一般要計算出相關係數，其大小用於判斷自變數和因變數的相關程度。

4. 計算預測誤差

迴歸預測模型是否可用於實際預測，取決於對迴歸預測模型的核對總和對預測誤差的計算。迴歸方程只有透過各種檢驗，且預測誤差較小，才能將迴歸方程式作為預測模型進行預測。

5. 確定預測值

利用迴歸預測模型計算預測值，並對預測值進行綜合分析，從而可以確定最後的預測值。

迴歸分析的注意事項如下：

■ 在應用迴歸預測法時應先選擇合適的變數資料，再去判斷變數之間的依存關係。

■ 確定變數之間是否存在相關關係，如果不存在，就不能應用迴歸預測法進行分析。

■ 避免預測數值任意外推，即根據一組觀測值來計算觀測範圍以外同一個對象的值。

5.3.3　線性迴歸模型案例

下面是某汽車銷售商銷售的不同類型汽車的資料集，包括汽車的製造商、燃料類型、發動機位置等 17 個參數，如表 5-2 所示。

表 5-2　汽車資料集

屬性	說明
id	編號
make	製造商
fuel-type	燃料類型
num-of-doors	門數
engine-location	發動機位置
wheel-base	軸距
length	長度
width	寬度

屬性	說明
height	高度
engine-type	發動機類型
num-of-cylinders	氣缸數
engine-size	引擎大小
horsepower	馬力
peak-rpm	峰值轉速
city-mpg	城市千米每升
highway-mpg	高速千米每升
price	價格

首先，匯入汽車資料集，由於這裡是使用馬力（horsepower）、寬度（width）、高度（height）來預測汽車的價格（price），因此只需要保留 price、horsepower、width 和 height 這 4 個變數，其他變數可以丟棄，並且查看資料集的維數和各個欄位的類型，程式碼如下所示：

```
#匯入相關程式庫
import numpy as np
import pandas as pd

#獲取資料
auto = pd.read_csv(r"F:\Python+office-Samples\ch05\cars.csv")
auto = auto[['price','horsepower','width','height']]

print('資料維數:{}'.format(auto.shape))
print('資料類型\n{}\n'.format(auto.dtypes))
auto.head()
```

執行上述程式碼，資料維數、資料類型和前 5 條資料如下所示。

```
資料維數:(159, 4)
資料類型
price           int64
horsepower      int64
width         float64
height        float64
dtype: object

   price  horsepower  width height
0  13950  102    66.2   54.3
1  17450  115    66.4   54.3
2  17710  110    71.4   55.7
3  23875  140    71.4   55.9
4  16430  101    64.8   54.3
```

NOTE

由於這裡的資料集在匯入之前已經進行了缺失值和異常值等處理，因此這裡就不再進行相關的資料預處理。

然後，對 price、horsepower、width 和 height 這 4 個變數進行相關性分析並繪製相關係數熱力圖，程式碼如下所示：

```python
#匯入相關程式庫
import matplotlib.pyplot as plt
import seaborn as sns

#計算相關係數
corr = auto.corr()
print(corr)

#繪製相關係數熱力圖
plt.figure(figsize=[12,7])      #指定圖片大小
sns.heatmap(corr,annot=True, fmt='.4f',square=True,cmap='Pastel1_r', linewidths=1.0,
annot_kws={'size':14,'weight':'bold', 'color':'blue'})
sns.set_context("notebook", font_scale=1.5, rc={"lines.linewidth": 1.5})
```

執行上述程式碼，輸出結果如圖 5-7 所示。可以看出：汽車價格（price）與汽車馬力（horsepower）的相關係數為 0.7599，與汽車寬度（width）的相關係數為 0.8434，與汽車高度（height）的相關係數為 0.2448。

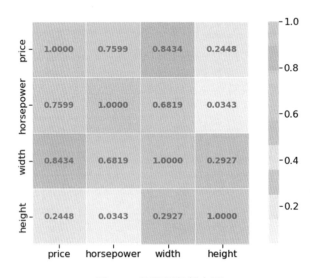

圖 5-7　相關係數熱力圖

根據相關分析可知：汽車價格與汽車馬力存在較高的相關性，但與汽車高度的相關性很弱。下面建立汽車價格與汽車馬力和汽車寬度的多元線性迴歸模型，程式碼如下所示：

```python
#匯入相關程式庫
import numpy as np
import pandas as pd
from sklearn.model_selection import train_test_split
from sklearn.linear_model import LinearRegression

#獲取資料
auto = pd.read_csv(r"F:\Python+office-Samples\ch05\cars.csv")
auto = auto[['price','horsepower','width']]

#為目標變數指定價格，為解釋變數指定其他
X = auto.drop('price', axis=1)
y = auto['price']

#分為訓練資料和測試資料
X_train, X_test, y_train, y_test = train_test_split(X, y, test_size=0.5,
random_state=0)

#多元迴歸類的初始化和學習
model = LinearRegression()
model.fit(X_train, y_train)

#顯示決定係數
print('訓練集決定係數:{:.3f}'.format(model.score(X_train,y_train)))
print('測試集決定係數:{:.3f}'.format(model.score(X_test,y_test)))

#迴歸係數和截距
print('\n 迴歸係數 \n{}'.format(pd.Series(model.coef_, index=X.columns)))
print('截距: {:.3f}'.format(model.intercept_))
```

執行上述程式碼，模型輸出的決定係數和迴歸係數如下所示。

```
訓練集決定係數:0.772
測試集決定係數:0.777

迴歸係數
horsepower     65.335361
width        1799.556338
dtype: float64
截距: -112854.984
```

可以看出模型的效果一般，其中訓練集決定係數是 0.772，測試集決定係數是 0.777，以及模型變數的迴歸係數等。

由模型輸出結果可知，汽車價格預測模型的迴歸方程式為：

```
Price = -112854.984 + (65.335361*horsepower) + (1799.556338*width)
```

5.4 上機實作題

練習 1：計算汽車資料集（cars）中汽車馬力（horsepower）、汽車寬度（engine-size）、汽車長度（length）的標準差。

提示：

```
auto = pd.read_csv(r"F:\Python+office-Samples\ch05\cars.csv")
auto = auto[['horsepower','engine-size','length']]
auto.std()
```

練習 2：計算汽車馬力（horsepower）、汽車寬度（engine-size）、汽車長度（length）3 個變數的皮爾森相關係數。

提示：

```
auto = pd.read_csv(r"F:\Samples\ch05\cars.csv")
auto = auto['horsepower','width','height']]
auto.corr()
```

練習 3：使用引擎大小（engine-size）、汽車長度（length）兩個變數預測汽車馬力（horsepower）。

提示：

```
auto = auto[['horsepower','engine-size','length']]
#為目標變數指定汽車馬力，為解釋變數指定其他
X = auto.drop('horsepower', axis=1)
y = auto['horsepower']

#分為訓練資料和測試資料
X_train, X_test, y_train, y_test = train_test_split(X, y, test_size=0.3,
random_state=0)

#多元迴歸類的初始化和學習
model = LinearRegression()
model.fit(X_train, y_train)
```

第 6 章
利用 Python 進行資料視覺化

一般來說，在實際工作中借助圖形化、視覺化的手段，可以清晰、有效地傳達所要溝通的資訊。因此，圖表是「資料視覺化」的常用和重要手段，其中基本圖表是重要組成部分。基本圖表可以分為對比型、趨勢型、比例型、分佈型等。下面結合 Excel 逐一介紹如何使用 Python 進行資料視覺化。

本章的範例程式碼內容較多，下載並解壓縮本書隨附之範例檔後，在其目錄中的「ch06」資料夾內有各小節的程式碼 txt 檔可供讀者取用。或者啟動 Jupyter Notebook 後，照著本書前面的簡介中所說明的方式，開啟「06-利用 Python 進行資料視覺化.ipynb」，其中列出了本書所有的程式範例（請留意各小節程式中有使用到不同的繪圖套件，請先安裝之後再執行範例程式，否則會執行失敗並顯示錯誤訊息）。

6.1 繪製對比型圖表及案例

對比類型的圖表大都是用來比較多組資料的差異。這些差異透過視覺和標記來區分,在視覺化中通常展現為高度差異、寬度差異、面積差異等,包括直條圖、橫條圖、氣泡圖、雷達圖等。

在 Excel 中,可以繪製各類的對比型圖表。例如,繪製 2020 年企業各門市商品銷售額的長條圖,如圖 6-1 所示。

圖 6-1　2020 年企業各門市商品銷售額的長條圖

本節使用 Python 中的 Altair 視覺化程式庫進行講解。它是一個專門為 Python 編寫的視覺化程式庫,可以讓資料科學家更多地關注資料本身和其內在的關聯。因為建立在強大的 Vega-Lite(互動式圖形語法)之上,Altair API 具有簡單、友善、一致等特點。Vega-Lite 是以底層視覺化語法 Vega 上的封裝為基礎,提出了一套能夠快速建構互動式視覺化的高階語法。

6.1.1　繪製長條圖

長條圖用於顯示各專案之間的比較情況，縱軸表示分類，橫軸表示值。長條圖強調各個值之間的比較，不太關注時間的變化。

例如，使用 Altair 內建的 wheat 資料集，繪製小麥價格和人工薪資的複合長條圖，程式碼如下所示：

```python
#匯入相關程式庫
import altair as alt
from vega_datasets import data

#讀取資料
source = data.wheat()

#繪製圖形
base = alt.Chart(source).encode(x=alt.X('year:O',axis=alt.Axis(orient=
        'bottom',labelFontSize=16,titleFontSize=20)))              #橫軸 year
bar = base.mark_bar().encode(y=alt.Y('wheat:Q', axis=alt.Axis(orient=
        'left',labelFontSize=16,titleFontSize=20)))               #主座標軸 wheat
line = base.mark_line(color='red').encode(y=alt.Y('wages:Q', axis=alt.
        Axis(orient='right',labelFontSize=16,titleFontSize=20))) #次座標軸 wages
(bar + line).properties(width=1000,height=600)
```

在 JupyterLab 中執行上述程式碼（若還沒安裝套作，請先使用 pip install altair 和 pip install vega_datasets 安裝），生成如圖 6-2 所示的複合長條圖。

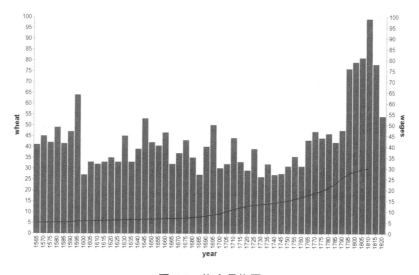

圖 6-2　複合長條圖

6.1.2　繪製氣泡圖

氣泡圖是散佈圖的變體，氣泡大小表示資料維度，通常用於比較和展示不同類別之間的關係。

例如，使用 Altair 內建的 cars 資料集，繪製汽車的馬力、油耗和加速能力的氣泡圖，程式碼如下所示：

```
#匯入相關程式庫
import altair as alt
from vega_datasets import data

#讀取資料
source = data.cars()

#繪製圖形
alt.Chart(source).mark_point().encode(
    x=alt.X('Horsepower',axis=alt.Axis(orient='bottom',labelFontSize=
            16,titleFontSize=20)),        #橫軸 Horsepower
    y=alt.Y('Miles_per_Gallon', axis=alt.Axis(orient='left',labelFontSize=
            16,titleFontSize=20)),        #縱軸 Miles_per_Gallon
    size='Acceleration'                   #氣泡的大小 Acceleration
).properties(width=500,height=300)
```

在 JupyterLab 中執行上述程式碼，生成如圖 6-3 所示的氣泡圖。

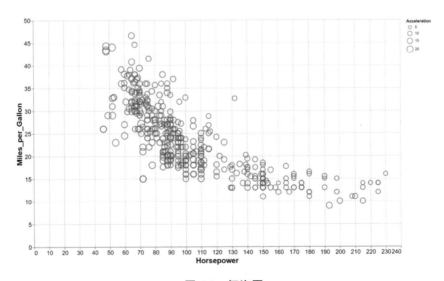

圖 6-3　氣泡圖

6.2　繪製趨勢型圖表及案例

趨勢型圖表用來反映資料隨時間變化而變化的關係，適用於顯示趨勢比顯示單個資料點更重要的場合，包括折線圖、區域圖等。

在 Excel 中，可以繪製各類的趨勢型圖表。例如，繪製 2015—2020 年企業商品訂單量變化的折線圖，如圖 6-4 所示。

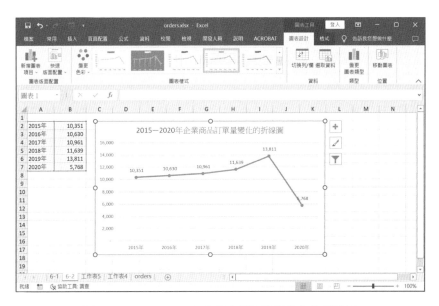

圖 6-4　2015—2020 年企業商品訂單量變化的折線圖

本節使用 Pygal 視覺化程式庫進行講解。它以物件導向的方式來建立各種資料圖，而且使用者使用 Pygal 可以非常方便地生成各種格式的資料圖，包括 .png、.svg 等。使用 Pygal 也可以生成 XMLetree 和 HTML 表格。

6.2.1　繪製折線圖

折線圖用於顯示資料在一個連續的時間間隔或跨度上的變化，用於反映事物隨時間或有序類別而變化的趨勢。

例如，為了研究 2020 年每個月不同價數值型別客戶的流失量情況，繪製 3 種價數值型別客戶的折線圖，程式碼如下所示：

```
#匯入相關程式庫
import pygal
from pygal.style import Style
custom_style = Style(
    label_font_size=20,
    major_label_font_size=20,
    legend_font_size=20)

#繪製圖形
line_chart = pygal.Line(style=custom_style)
line_chart.x_labels = map(str, range(1, 13))
line_chart.add('低價值', [27,28,24,23,26,29,23,22,29,25,23,21])
line_chart.add('中價值', [15,10,13,14,11,11,15,12,13,11,14,15])
line_chart.add('高價值', [6,5,4,8,5,9,3,5,6,8,9,6])

#儲存圖形
line_chart.render_to_file('折線圖.svg')
```

在 JupyterLab 中執行上述程式碼（若還沒安裝 pygal，請用 pip install pygal 安裝），生成如圖 6-5 所示的折線圖。

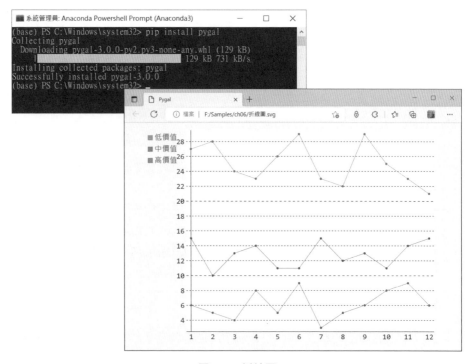

圖 6-5　折線圖

6.2.2　繪製區域圖

區域圖（也稱面積圖）實際上是折線圖的另一種表現形式，其一般用於顯示不同資料數列之間的對比關係，同時也顯示各個資料數列與整體的比例關係，強調隨時間變化的幅度。

此外，可以使用區域圖分析不同價數值型別客戶的流失量情況，程式碼如下：

```python
#匯入相關程式庫
import pygal
from pygal.style import Style
custom_style = Style(
    label_font_size=20,
    major_label_font_size=20,
    legend_font_size=20)

#繪製圖形
line_chart = pygal.StackedLine(fill=True,style=custom_style)
line_chart.x_labels = map(str, range(1, 13))
line_chart.add('低價值', [27,28,24,23,26,29,23,22,29,25,23,21])
line_chart.add('中價值', [15,10,13,14,11,11,15,12,13,11,14,15])
line_chart.add('高價值', [6,5,4,8,5,9,3,5,6,8,9,6])

#儲存圖像
line_chart.render_to_file('區域圖.svg')
```

在 JupyterLab 中執行上述程式碼，生成如圖 6-6 所示的區域圖。

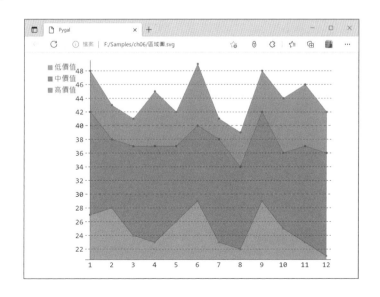

圖 6-6　區域圖

6.3　繪製比例型圖表及案例

比例型圖表用於展示每一部分所占整體的百分比,至少有一個分類變數和數值變數,包括圓形圖、環圈圖等。

在 Excel 中,可以繪製各類的比例型圖表。例如,繪製 2020 年不同地區商品訂單量的環圈圖,如圖 6-7 所示。

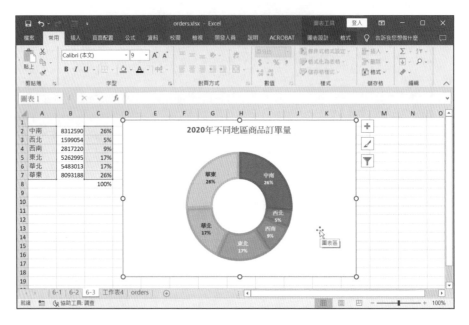

圖 6-7　2020 年不同地區商品訂單量的環圈圖

本節使用 Pyecharts 視覺化程式庫進行講解。它是用於生成 Echarts 圖表的程式庫,可以與 Python 進行對接,以便直接生成圖形。Echarts 是百度開放原始碼的一個資料視覺化程式庫,生成的視覺化效果較好,憑藉其良好的互動性與精巧的圖表設計,獲得了眾多開發者的認可。

6.3.1　繪製圓形圖

圓形圖是將一個圓餅按照各個分類的占比劃分成若干個區塊,整個圓餅表示資料的總量,每個圓弧表示各個分類的比例大小,所有區塊的和等於 100%。

例如，使用 Pie() 函數繪製 2020 年上半年不同地區的銷售額分析的圓形圖，程
式碼如下所示：

```python
from pyecharts import options as opts
from pyecharts.charts import Pie

v1 = ["中南","西北","西南","東北","華北","華東"]
v2 = [26,5,9,17,17,26]

#繪製圓形圖
c = (
    Pie()
    .add("", [list(z) for z in zip(v1, v2)])

    .set_global_opts(
        title_opts=opts.TitleOpts(title="2020 年上半年不同地區的銷售額分析",
        title_textstyle_opts=opts.TextStyleOpts(font_size=20)),
        legend_opts=opts.LegendOpts(is_show=True,pos_right=40,item_width=40,
                item_height=20,textstyle_opts=opts.TextStyleOpts(font_size=16)))
    .set_series_opts(label_opts=opts.LabelOpts(formatter="{b}: {c}%",
        font_size = 16))
)

#展示資料視覺化圖表
c.render("pie.html")
```

在 JupyterLab 中執行上述程式碼，生成如圖 6-8 所示的圓形圖。

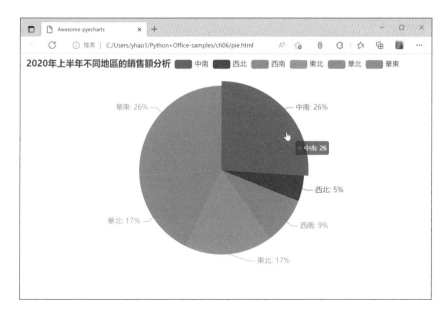

圖 6-8　圓形圖

6.3.2　繪製環圈圖

環圈圖是一種特殊的圓形圖，它是由兩個及兩個以上大小不一的圓形圖疊加在一起，挖去中間部分所構成的圖形。

例如，使用 Pie() 函數繪製 2020 年上半年不同收入群體購買力分析的環圈圖，程式碼如下所示：

```python
from pyecharts import options as opts
from pyecharts.charts import Page, Pie

v1 = ["中南","西北","西南","東北","華北","華東"]
v2 = [26,5,9,17,17,26]

#繪製環圈圖
def pie_radius() -> Pie:
    c = (
        Pie()
        #設定圓環的寬度
        .add("",[list(z) for z in zip(v1, v2)],radius=["40%", "75%"])
        #設定圓環的顏色
        .set_colors(["blue", "green", "purple", "red", "silver"])
        .set_global_opts(
            title_opts=opts.TitleOpts(title="2020 年上半年不同收入群體的購買力分析",
            title_textstyle_opts=opts.TextStyleOpts(font_size=20)),
            toolbox_opts=opts.ToolboxOpts(),
            legend_opts=opts.LegendOpts(orient="vertical", pos_top="35%",
                pos_left="2%",textstyle_opts=opts.TextStyleOpts(font_size=16))
        )
        .set_series_opts(label_opts=opts.LabelOpts(formatter="{b}: {c}",
            font_size = 16))
    )
    return c

#資料視覺化圖表
pie_radius().render("pie-radius.html")
```

在 JupyterLab 中執行上述程式碼，生成如圖 6-9 所示的環圈圖。

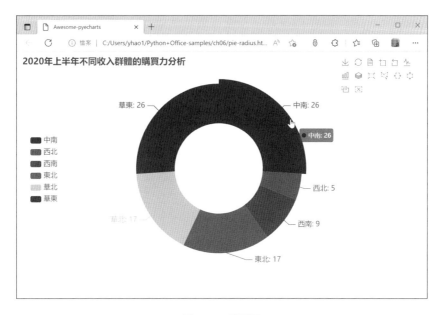

圖 6-9　環圈圖

6.4　繪製分佈型圖表及案例

分佈型圖表用於研究資料的集中趨勢、離散程度等描述性度量，透過這些反映資料的分佈特徵，包括散佈圖、箱型圖等。

在 Excel 中，可以繪製各類的分佈型圖表。例如，繪製 2020 年銷售額分析散佈圖，如圖 6-10 所示。

本節使用 Plotly 視覺化程式庫進行講解，它是 Python 中一個可以實作線上視覺化互動的程式庫，優點是能提供 Web 線上互動。其功能非常強大，可以線上繪製橫條圖、散佈圖、圓形圖、長條圖等多種圖形，還可以繪製出媲美 Tableau 的高品質視覺圖表。此外，Plotly 還能支援線上編輯圖表，支援 Python、JavaScript、MATLAB 和 R 等多種語言的 API。

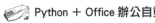

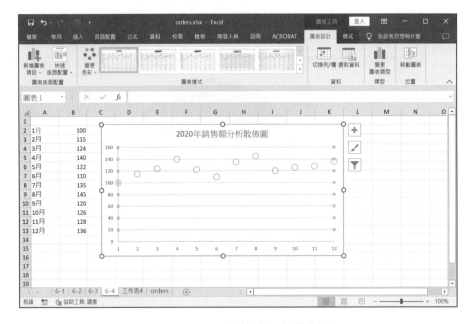

圖 6-10　2020 年銷售額分析散佈圖

6.4.1　繪製散佈圖

散佈圖將所有的資料以點的形式展現在直角座標系上，以顯示變數之間的相互影響程度，點的位置由變數的數值決定。

例如，為了研究各門市商品的訂單量與退單量的關係，繪製訂單量與退單量的散佈圖，程式碼如下所示：

```
#匯入相關程式庫
import numpy as np
import pandas as pd
import plotly.offline as py
import plotly.graph_objs as go

#讀取資料
store = ['定遠店','東海店','海恒店','金賽店','燎原店','臨泉店','廬江店','明耀店','眾興店']
order = [112,123,126,136,138,149,151,154,165]
chargeback = [26,31,40,32,54,45,31,39,45]

#建立 layout 物件
layout = go.Layout(font={'size':22,'family':'sans-serif'})

#繪製圖形
colors = np.random.rand(len(order))
```

```
fig = go.Figure(layout=layout)
fig.add_scatter(x=order,y=chargeback,mode='markers',marker={'size': chargeback,
'color': colors,'opacity': 0.9,'colorscale': 'Viridis','showscale': True})
py.plot(fig)
```

在 JupyterLab 中執行上述程式碼，生成如圖 6-11 所示的散佈圖。

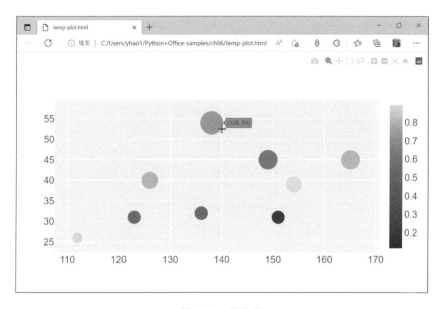

圖 6-11　散佈圖

6.4.2　繪製箱型圖

箱型圖又被稱為箱線圖，它是一種用於顯示一組資料分散情況的統計圖，能顯示出一組資料的最大值、最小值、中位數及上下四分位數，因形狀很像箱子而得名。

例如，為了研究 2020 年不同類型客戶的滿意度情況，繪製 2020 年上半年和下半年不同類型客戶滿意度的箱型圖，程式碼如下所示：

```
#匯入相關程式庫
import numpy as np
import pandas as pd
import plotly.offline as py
import plotly.graph_objs as go

#建立 layout 物件
layout = go.Layout(font={'size':22,'family':'sans-serif'})
```

```
#繪製圖形
y = ['2020 年上半年', '2020 年上半年', '2020 年上半年', '2020 年上半年',
     '2020 年上半年', '2020 年上半年', '2020 年下半年', '2020 年下半年',
     '2020 年下半年', '2020 年下半年', '2020 年下半年', '2020 年下半年']
fig = go.Figure(layout=layout)
fig.add_trace(go.Box(
    x=[22, 22, 26, 10, 15, 14, 22, 27, 19, 11, 15, 23],
    y=y, name='公司', marker_color='#3D9970'
))

fig.add_trace(go.Box(
    x=[26, 27, 23, 16, 10, 15, 17, 19, 25, 18, 17, 22],
    y=y, name='消費者', marker_color='#FF4136'
))

fig.add_trace(go.Box(
    x=[11, 23, 21, 19, 16, 26, 19, 10, 13, 16, 18, 15],
    y=y, name='小型企業', marker_color='#FF851B'
))

fig.update_layout(
    xaxis=dict(title='2020 年上半年和下半年不同類型客戶滿意度', zeroline=False),
    boxmode='group'
)

fig.update_traces(orientation='h')
py.plot(fig)
```

在 JupyterLab 中執行上述程式碼，生成如圖 6-12 所示的箱型圖。

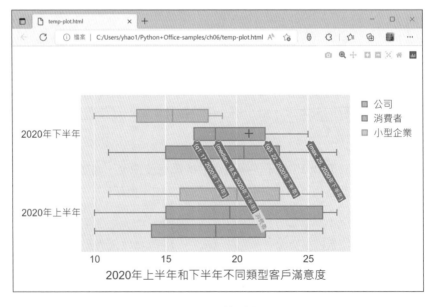

圖 6-12　箱型圖

6.5　繪製其他類型圖表及案例

除了以上 4 種類型的圖表，還有一些其他類型的基本圖表，它們在日常視覺化分析過程中也會經常用到，主要包括樹狀圖、K 線圖等。

在 Excel 中，可以繪製各類的其他類型圖表。例如，繪製 2020 年 6 月企業股票價格走勢的 K 線圖，如圖 6-13 所示。

圖 6-13　2020 年 6 月股票價格走勢的 K 線圖

6.5.1　繪製樹狀圖

樹狀圖可以在嵌套的矩形中顯示資料，其中使用分類變數定義樹狀圖的結構，使用數值變數定義各個矩形的大小或顏色。

例如，為了研究 2020 年上半年企業在全國 6 個大區的商品銷售情況，使用 Matplotlib 程式庫繪製了區域銷售額的樹狀圖，程式碼如下所示：

```
#匯入相關程式庫
import pandas as pd
import matplotlib as mpl
import matplotlib.pyplot as plt
```

```
mpl.rcParams['font.sans-serif']=['Microsoft Jhenghei']    #顯示中文
plt.rcParams['axes.unicode_minus']=False                  #正常顯示負號
import squarify
import pymysql

v1 = ["中南","西北","西南","東北","華北","華東"]
v2 = [64.33,8.03,20.85,51.24,45.21,55.34]

plt.figure(figsize=(11,7))          #設定圖形大小
colors = ['Coral','Gold','LawnGreen','LightSkyBlue','LightSteelBlue',
'CornflowerBlue']                   #設定顏色資料
plot=squarify.plot(
    sizes=v2,                       #指定繪圖資料
    label=v1,                       #標籤
    color=colors,                   #指定自訂顏色
    alpha=0.9,                      #指定透明度
    value=v2,                       #添加數值標籤
    edgecolor='white',              #設定邊界框顏色為白色
    linewidth=8                     #設定邊框寬度
)

plt.rc('font',size=16)              #設定標籤大小
#設定標題及字型大小
plot.set_title('2020年上半年各地區商品銷售額統計',fontdict={'fontsize':20})
plt.axis('off')                     #去除座標軸
plt.tick_params(top='off',right='off')       #去除上邊框和右邊框刻度
plt.show()
```

在 JupyterLab 中執行上述程式碼，生成如圖 6-14 所示的樹狀圖。可以看出：在 2020 年上半年，企業在 6 個大區的商品銷售額從大到小依次為，西北地方 8.03 萬元、中南地區 64.33 萬元、華北地區 45.21 萬元、西南地區 20.85 萬元、華東地區 55.34 萬元、東北地區 51.24 萬元。

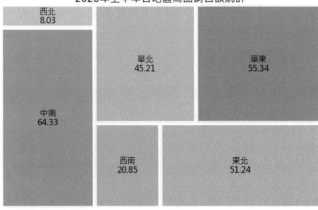

圖 6-14　樹狀圖

6.5.2　繪製 K 線圖

K 線圖又被稱為蠟燭圖，包含 4 個指標資料，即開盤價、最高價、最低價、收盤價。所有的 K 線都是圍繞這 4 個指標展開的，反映股票的價格資訊。如果把每日的 K 線圖放在一張紙上，就能得到日 K 線圖，同樣也可以畫出周 K 線圖、月 K 線圖。

K 線圖起源於日本的米市交易，用來計算米價每天的漲跌，後來人們把它引入股票市場價格走勢的分析中。目前其已成為股票市場技術分析中的重要方法，通常用來顯示和分析證券、衍生工具、外匯貨幣、股票、債券等金融相關商品隨著時間的價格變動。

例如，為了分析企業的股票價格走勢，可以繪製股票價格的 K 線圖。這裡把股票的相關資料存放在 Excel 檔案內（stocks-06.xlsx），如下圖所示，以此來繪製 2020 年 6 月股票價格走勢的 K 線圖，其中橫軸是日期，縱軸是股票價格：

第一種作法的程式碼如下所示：

```python
#使用 mpl_finance 來繪製（請先用 pip install mpl_finance 安裝）

import mpl_finance as mpf
import matplotlib.pyplot as plt
import pandas as pd

#建立繪圖基本參數
fig=plt.figure(figsize=(12, 8))
ax=fig.add_subplot(111)

#取得股票資料
df = pd.read_excel('F:\Python+office-Samples\ch06\stocks-06.xlsx')

#繪製 K 線圖
mpf.candlestick2_ochl(ax, df["open"], df["close"], df["high"], df["low"], width=0.5,
colorup='r',colordown='green',alpha=1.0)

#顯示 K 線圖
plt.show()
```

在 JupyterLab 中執行上述程式碼，生成如圖 6-15 所示的 K 線圖。

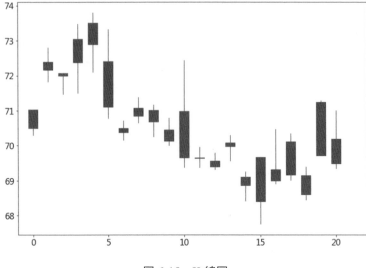

圖 6-15　K 線圖

第二種作法的程式碼如下所示：

```
from pyecharts import options as opts
from pyecharts.charts import Kline, Page
import pymysql
import numpy as np
import pandas as pd

v1 = []
v2 = []

#讀取股票 6 月份的資料表
df = pd.read_excel('F:\Python+office-Samples\ch06\stocks-6.xlsx')
df = pd.DataFrame(df)
v1 = df['trade_date'].tolist() #把第一欄轉成 list
v2 = np.array(df[['open','high','low','close']]).tolist() #把後面幾欄資料轉成 list
data = v2

#繪製 K 線圖
def kline_markline() -> Kline:
    c = (
        Kline()
        .add_xaxis(v1)
        .add_yaxis(
            "企業股票收盤價",
            data,
            markline_opts=opts.MarkLineOpts(
                data=[opts.MarkLineItem(type_="max", value_dim="close")]
            ),
        )
        .set_global_opts(
```

```
        xaxis_opts=opts.AxisOpts(is_scale=True,axislabel_opts=
            opts.LabelOpts(font_size = 16)),
        yaxis_opts=opts.AxisOpts(
            is_scale=True,
            axislabel_opts=opts.LabelOpts(font_size = 16),
            splitarea_opts=opts.SplitAreaOpts(
                is_show=True, areastyle_opts=opts.AreaStyleOpts(opacity=1)
            ),
        ),
        datazoom_opts=[opts.DataZoomOpts(pos_bottom="-2%")],
        title_opts=opts.TitleOpts(title="2020 年 6 月份企業股票價格走勢",
            title_textstyle_opts=opts.TextStyleOpts(font_size=20)),
        toolbox_opts=opts.ToolboxOpts(),
        legend_opts=opts.LegendOpts(is_show=True,item_width=40,item_height=20,
            textstyle_opts=opts.TextStyleOpts(font_size=16)))
    .set_series_opts(label_opts=opts.LabelOpts(font_size = 16))
    )
    return c

#展示資料視覺化圖表
kline_markline().render('stocks6.html')
```

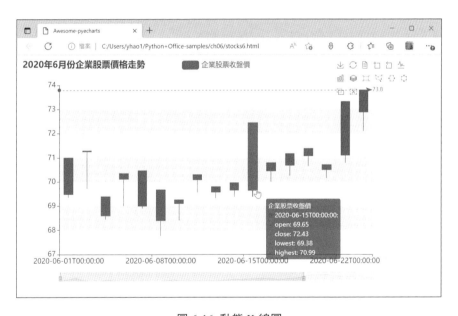

圖 6-16　動態 K 線圖

6.6 上機實作題

練習 1：讀取訂單「orders-2020.xlsx」檔，利用 Python 繪製 2020 年上半年企業每週銷售額和利潤額分析的折線圖，如圖 6-17 所示。

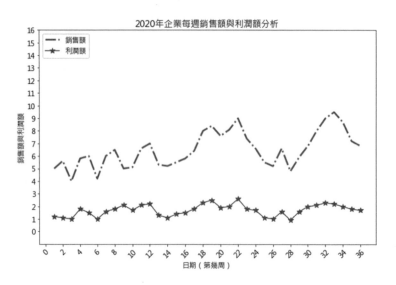

圖 6-17　2020 年上半年企業每週銷售額和利潤額分析的折線圖

提示：

```
plt.plot(周, 銷售值,linestyle='-.',color='red',linewidth=3.0,label='銷售額')
plt.plot(周, 利潤值,marker='*',color='green',markersize=10,label='利潤額')
```

練習 2：使用股票「stocks.xlsx」檔，利用 Python 繪製 2020 年企業股票的交易時間與成交金額分析的散佈圖，如圖 6-18 所示。

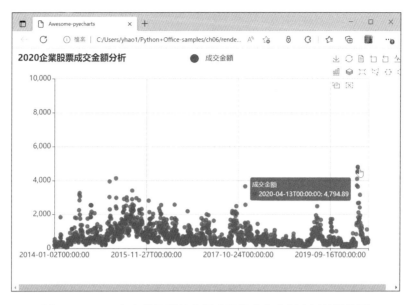

圖 6-18　2020 年企業股票的交易時間與成交金額分析的散佈圖

提示：

```
def scatter_splitline() -> Scatter:
    c = (
        Scatter()
        .add_xaxis(v1)
        .add_yaxis("成交金額", v2,label_opts=opts.LabelOpts(is_show=False))
        .set_global_opts(
            title_opts=opts.TitleOpts(title="2020 企業股票成交金額分析",
                title_textstyle_opts=opts.TextStyleOpts(font_size=20)),
            xaxis_opts=opts.AxisOpts(splitline_opts=
                opts.SplitLineOpts(is_show=True),
                axislabel_opts=opts.LabelOpts(font_size = 16)),
            yaxis_opts=opts.AxisOpts(type_="value",max_=10000,
                axistick_opts=opts.AxisTickOpts(is_show=True),splitline_opts=
                opts.SplitLineOpts(is_show=True),axislabel_opts=
                opts.LabelOpts(font_size = 16)),
            toolbox_opts=opts.ToolboxOpts(),
            legend_opts=opts.LegendOpts(is_show=True,item_width=40,item_height=20,
                textstyle_opts=opts.TextStyleOpts(font_size=16)))
    )
    return c
```

第 3 篇
Word 文書自動化處理篇

第 7 章
文書自動化處理

目前借助電腦來處理 Word 等文書類型的資料，是企業提升資訊自動化處理能力、提升員工工作效率、優化企業營運管理的重要手段。

本章將從文書自動化處理的應用場景和環境搭建開始講解，然後透過實際案例介紹如何使用 Python-docx 程式庫自動建立一個簡單的企業運營週報，從而為後續章節的學習奠定基礎。

7.1 應用場景及環境搭建

7.1.1 文書自動化應用場景

1. 快速提取文字資料

在工作中，有時我們需要快速提取文字資料。例如，專案中收集了很多 Word 格式的調查問卷表，領導需要提取表單裡的客戶姓名、位址、連絡方式等資訊，如果不借助其他軟體，則我們只能機械地進行複製和貼上，其實可以把所有問卷調查表放在一個資料夾裡，然後借助 Python 等軟體做到批次的資訊提取。當遇到這種重複而無意義的工作時，就需要使用文書自動化處理技術。

2. 重複性處理多個文字

在工作過程中，我們可能需要對大量的 Word 檔進行批次處理。例如，教師在批閱學生提交的電子版作業時，需要填寫日期等資訊，如表 7-1 所示。假設一個年級有 50 個學生，那麼 50 份作業就需要填寫 50 次日期，如果 1 份作業按 1 分鐘的填寫速度計算，則需要 50 分鐘才可以完成，這個工作雖然簡單重複，但又是不可少的，是否可以將這項工作交給電腦去完成呢？答案是肯定的。

表 7-1　課程作業統計表

2019 年—2020 年第二學期《統計分析》課程作業					
作業編號：19					
學號	201806180366	姓名	張磊	班級	統計 3 班
日期				成績	96

7.1.2 文書自動化環境搭建

1. 安裝 Microsoft Office

文書自動化處理需要安裝 Python-docx 程式庫。由於 Python-docx 程式庫不支援 Word 2003 及其以下版本，因此我們需要安裝 Microsoft Office 2007 及其以上的版本。具體安裝過程很簡單，這裡就不再詳細介紹。

本書使用的是 Microsoft Office 2016 版，我們可以在 Word 的「檔案」標籤→「其他…」→「帳戶」→「產品資訊」中，查看 Office 的版本資訊，如圖 7-1 所示。

圖 7-1　查看 Office 的版本資訊

2. 安裝 Python-docx 程式庫

Python-docx 程式庫可以用來建立 .docx 格式的文件，包含段落、分頁符號、表格、圖片、標題、樣式等，幾乎包含 Word 中常用的重要功能。它主要用來建立文件，文件的修改功能則不是很強。

Python-docx 程式庫依賴於 lxml 程式庫，且 lxml 程式庫需要高於 2.3.2 版本。安裝過程比較簡單，可以使用 pip 和 easy_install 進行安裝，而且都會自動安裝依賴程式庫。這裡使用 pip 工具進行安裝。首先打開命令提示字元的視窗，然後輸入「pip install python-docx」命令，按下「Enter」鍵執行。當視窗中出現「Successfully installed python-docx-0.8.10」時表示安裝成功，如圖 7-2 所示。

圖 7-2　Python-docx 程式庫安裝成功時的資訊顯示

7.2　Python-docx 程式庫案例示範

為了使讀者更好地理解文書自動化處理，以及使用 Python-docx 程式庫進行文書處理，下面透過建立一個簡單的企業營運週報的案例，示範其生成的過程，成品如圖 7-3 所示。需要說明的是，在這一過程中，我們沒有在 Word 文件中進行任何操作，只用來打開程式最後生成的文件檔。

圖 7-3　企業運營週報案例

7.2.1　document() 函數：開啟文件

在示範之前，我們需要準備一份 Word 空白文件，最簡單的方法是自動建立空白文件，程式碼如下所示：

```
from docx import Document
document = Document()
```

程式執行後，將預設建立一個空白文件，這與 Word 中新建的空白文件幾乎是一樣的。

NOTE

目前在工作路徑下是看不到該檔案的，我們需要再執行如下所示的程式碼才可以看到該檔案，後續章節介紹的內容，也需要執行該檔案儲存的程式，否則看不到效果。

```
document.save('銷售部 8 月銷售考核.docx')
```

此外，我們也可以使用 Python-docx 程式庫打開現有的 Word 文件。例如，打開現有的「銷售部 8 月銷售考核.docx」文件檔，程式碼如下所示：

```
from docx import Document
document = Document('銷售部 8 月銷售考核.docx')
```

7.2.2　add_heading() 函數：加上標題

在 Word 文件中，正文中的內容一般分為多個部分，每個部分均以標題開頭，新增標題的一般方法如下。在引號中新增標題文字：

```
document.add_heading('')
```

在預設情況下，程式會套用一個最高層級的標題（標題 1）樣式。在 Word 中可以透過選取「常用」標籤→「樣式」→「標題 1」選項來完成。當我們想要為每個小節新增標題時，只需將大綱層級指定為 1～9 的整數即可。

如果將級別指定為 0，則會新增「標題」段落，這樣可以比較方便地建立一個相對簡短的文件，程式碼如下所示：

```
from docx import Document
document = Document()

document.add_heading('企業運營週報', 0)
document.add_heading('一、銷售一組業績分析')
document.add_heading('1.銷售額統計', level=2)

document.save('銷售部 8 月銷售考核.docx')
```

執行上述程式碼，並執行文件儲存程式，在 Word 文件中新增標題的成果如圖 7-4 所示。

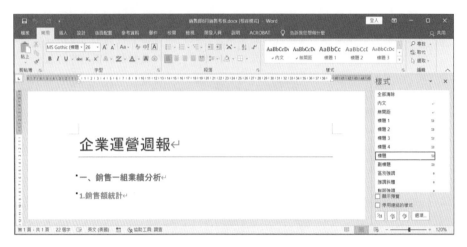

圖 7-4　在 Word 文件中新增標題的成果

7.2.3　add_paragraph() 函數：新增段落

段落是 Word 文件的基礎，可以用於文件的正文，也可以用於標題和項目符號。透過直接新增和插入新增兩種方法可以新增新的段落。

其中，最簡單的新增段落的方法是直接新增，即在文件末尾新增新的段落，程式碼如下所示：

```
Paragraph1 = document.add_paragraph('8 月銷售部 6 個小組的銷售業績分析，其中銷售一組的
銷售業績優秀，銷售額達到 1222 萬元，基本完成 1252 萬元的銷售額目標。')
```

也可以將 Paragraph1 這個段落當作「游標」，並在其上方直接插入一個新的段落，這樣可以將段落插入文件的中間位置，這在修改現有文件時比較常用，程式碼如下所示：

```
Paragraph1.insert_paragraph_before('2020 年 8 月銷售業績排名前 3 的小組：銷售一組、銷售
三組、銷售六組。')
```

執行上述程式碼，並執行文件儲存程式，在 Word 文件中新增段落的成果如圖 7-5 所示。

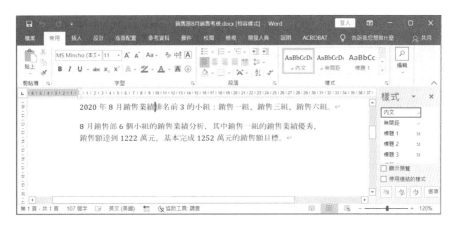

圖 7-5　新增段落的成果

7.2.4　add_picture() 函數：新增圖片

我們可以透過在 Word 中按一下「插入」→「圖例」→「圖片」按鈕來新增圖片。在 Python-docx 程式庫中，可以透過使用 add_picture() 函數傳入圖片路徑或檔案實例來新增圖片。下面透過傳入圖片路徑的方法新增圖片，引號中的內容是指新增圖片的路徑，程式碼如下所示：

```
document.add_picture('')
```

在預設情況下，新增的圖片是以原始大小顯示的，這比我們想要的圖片的尺寸要大。圖片的原始大小通常是以像素計算的，但是大多數圖片不包含像素屬性，預設解析度為 72dpi。

我們可以使用特定的單位（英寸或公分）來指定圖片的寬度或高度，程式碼如下所示：

```
from docx.shared import Inches
document.add_picture('F:\Samples\ch07\銷售一組 8 月銷售額統計.png',
                     width=Inches(5.5))
```

Python-docx 程式庫有英寸（Inches）類和公分（Cm）這更種單位類型，可以從 docx.shared 中匯入。Python-docx 程式庫預設使用英制公制單位（EMU）儲存長度值，EMU 是一個整數單位長度，1 英寸 = 914400EMU。所以，如果將 width 設定為 2 英寸，則會得到一個尺寸非常小的圖片，這裡將 width 設定為 5.5 英寸。

執行上述程式碼，並執行文件儲存程式碼，在 Word 文件中新增圖片的成果如圖 7-6 所示。

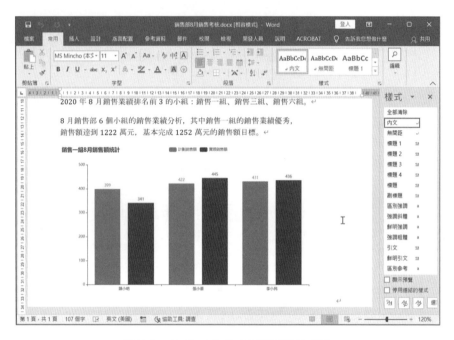

圖 7-6　在 Word 文件中新增圖片的成果

7.2.5　add_table() 函數：新增表格

在 Word 中也可以新增表格。例如，在文件中新增 1 列 3 欄的表格，程式碼如下所示：

```
table = document.add_table(rows=1, cols=3)
```

表格具有一些屬性和方法，可以透過列索引和欄索引來存取儲存格。需要注意的是，列索引和欄索引都是從 0 開始的。例如，存取第 1 列第 2 欄的儲存格，程式碼如下所示：

```
cell = table.cell(0, 1)
```

然後修改第 1 列第 2 欄的儲存格中的文字，程式碼如下所示：

```
cell.text = '計畫銷售額'
```

也可以先透過表格的 rows 屬性存取某一列，再透過列的 cells 屬性存取儲存格，欄屬性 columns 的功能與列屬性 rows 的功能類似，程式碼如下所示：

```
row = table.rows[1]
row.cells[0].text = '姓名'
row.cells[1].text = '計畫銷售額'
```

表格的列和欄是可以反覆運算的，在 for 迴圈中能夠直接使用，這樣可以靈活製作可變長度的表格。例如，向表格中插入 3 名銷售人員的計畫銷售額和實際銷售額數據，程式碼如下所示：

```
records = (
    ('陳小華', 399, 341),
    ('張小明', 422, 445),
    ('李小民', 431, 436)
)

table = document.add_table(rows=1, cols=3)
hdr_cells = table.rows[0].cells
hdr_cells[0].text = '姓名'
hdr_cells[1].text = '計畫銷售額（萬元）'
hdr_cells[2].text = '實際銷售額（萬元）'
for name, sales_planned, sales_actual in records:
    row_cells = table.add_row().cells
    row_cells[0].text = name
    row_cells[1].text = str(sales_planned)
    row_cells[2].text = str(sales_actual)
```

執行上述程式碼，並執行文件儲存程式碼後，在開啟的 Word 文件中新增表格的成果如圖 7-7 所示。

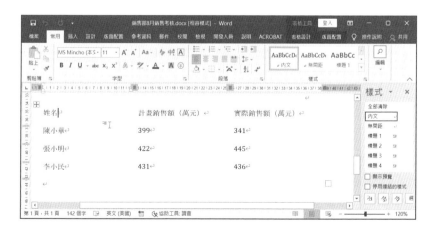

圖 7-7　在 Word 文件中新增表格的成果

上面的表格不是很美觀，需要調整一下表格樣式。目前 Python-docx 程式庫還不支援 Word 中所有的表格樣式，但是可以獲取表格樣式，程式碼如下：

```
styles = document.styles.element.xpath('.//w:style[@w:type="table"]/@w:styleId')
```

在 Word 文件中設定表格樣式，程式碼如下所示：

```
table.style = 'Table Grid'
```

執行上述程式碼，並執行文件儲存程式，在 Word 中設定表格樣式的成果如圖 7-8 所示。

圖 7-8　設定表格樣式的成果

可以透過 Word 中表格的樣式查看樣式名稱，選取「表格設計」→「表格樣式」選項群組中的縮圖選項，就可以看到對應樣式的中文名稱「表格格線」，如圖 7-9 所示。

圖 7-9　Word 中的表格樣式

7.2.6　add_paragraph() 函數：設定段落樣式

段落樣式是 Word 文件中很重要的一部分，如果沒有為段落設定特定的樣式，則自動使用預設段落樣式。與表格樣式類似，段落樣式也需要調整，Python-docx 程式庫可以獲取所支援的段落樣式，程式碼如下所示：

```
styles = document.styles.element.xpath('.//w:style[@w:type="paragraph"]/@w:styleId')
```

取得的樣式名稱是以英文版 Word 中的樣式名稱為主：

```
'Normal', 'Header', 'Heading1', 'Heading2', 'Heading3', … , 'NoSpacing', 'BodyText',
'List', 'List2', 'List3', 'ListBullet', 'ListBullet2', 'ListBullet3', 'ListNumber',
'ListNumber2', 'ListNumber3', 'Quote', …
```

幾個對應的中文版 Word 的常用樣式名稱是：

'Normal'	→	'內文'
'Header'	→	'標題'
'Heading1'	→	'標題 1'
'Heading2'	→	'標題 2'
'Heading3'	→	'標題 3'
'NoSpacing'	→	'無間距'
'List'	→	'清單'
'ListNumber'	→	'清單號碼'
'ListBullet'	→	'項目符號'
'BodyText'	→	'本文'
'Quote'	→	'引文'
…		

Python-docx 程式庫的段落樣式可以在建立段落時直接應用段落樣式，這種特殊樣式將段落顯示為項目符號是非常方便的，下面是直接套入內文樣式：

```
document.add_paragraph('由業績資料可以看出：8 月張小明額完成業績，李小民剛好完成業
績，陳小華沒有完成業績。', style='Normal')
```

也可以在建立段落後，對段落應用段落樣式，下面兩行程式碼的執行效果與上面程式碼的執行效果相同。

```
paragraph = document.add_paragraph('由業績資料可以看出：8 月張小明額完成業績，李小民
剛好完成業績，陳小華沒有完成業績。')
paragraph.style = 'Normal'
```

執行上述程式碼，並執行文件儲存程式，在 Word 文件中設定段落樣式的成果
如圖 7-10 所示。

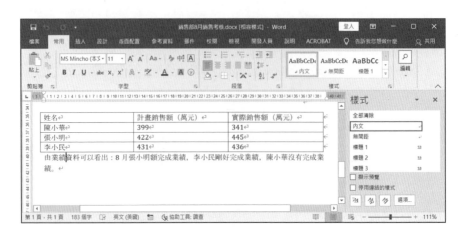

圖 7-10　在 Word 文件中設定段落樣式的成果

上面使用了「Normal」（對應中文版為「內文」）樣式，通常，程式碼中的樣式
名稱與在英文版 Word 中顯示的英文名稱相同。

7.2.7　add_run() 函數：設定字元樣式

除了可以為段落指定段落級別的樣式，還可以在 Word 中設定字元樣式。通
常，我們可以將字元樣式視為指定的一種字形，如字型、大小、色彩、粗體、
斜體等。

與表格樣式類似，字元樣式也需要調整。使用 Python-docx 程式庫可以獲取所
支援的字元樣式，程式碼如下所示：

```
styles = document.styles.element.xpath('.//w:style[@w:type="character"]/@w:styleId')
```

與段落樣式類似，字元的字型必須透過 document()　函式呼叫被定義的類型，
以新增指定的字元樣式 'Subtitle Char'（對應中文版 Word 中的樣式名稱為 '副
標題' 字元樣式），程式碼如下所示：

```
paragraph = document.add_paragraph('銷售部銷售一組 8 月績效薪資：')
paragraph.add_run('張小明 5000 元，李小民 3000 元，陳小華 0 元。', 'Subtitle Char')
```

執行上述程式碼，並執行文件儲存的程式碼後，在 Word 文件中設定字元樣式的成果如圖 7-11 所示。

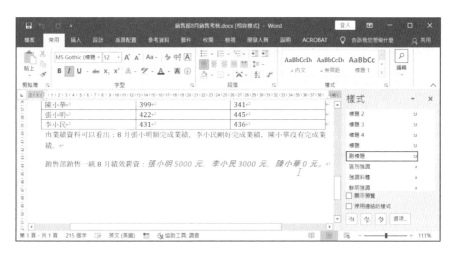

圖 7-11　在 Word 文件中設定字元樣式的成果

也可以在建立並執行後指定字元樣式，下面程式碼的是套用 'Strong' 字元樣式（在中文版的 Word 中對應的是 '強調粗體' 字元樣式）。

```
paragraph = document.add_paragraph('銷售部銷售一組 8 月績效薪資：')
run = paragraph.add_run('張小明 5000 元，李小民 3000 元，陳小華 0 元。')
run.style = 'Strong'
```

與段落樣式一樣，程式碼中的樣式名稱與英文版 Word 中顯示的英文名稱相同。不同版本的 Word 中雖然樣式名稱相同但樣式使用字型、大小、色彩可能不同，所以讀者可能在使用了上述程式碼執行後看到些許不同的成果。

7.2.8　add_page_break() 函數：新增分頁符號

有時，我們希望文字在單獨的頁面上顯示，分頁符號可以做到這一點，程式碼如下所示：

```
document.add_page_break()
```

使用這個方法可以對 Word 進行靈活的排版，同時可以中斷段落屬性和樣式的繼承。

執行上述程式碼，並執行文件儲存程式後我們一般看不到分頁符號，這是由於 Word 預設隱藏了分頁符號。當需要顯示 Word 中隱藏的編輯標記時，可以按「Ctrl+Shift+8」複合鍵。在 Word 文件中新增分頁符號的成果如圖 7-12 所示。

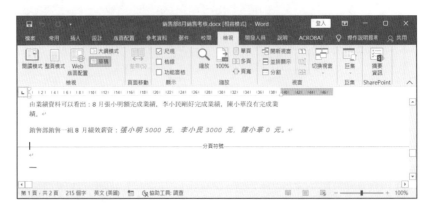

圖 7-12　在 Word 文件中新增分頁符號的成果

7.3　案例示範的完整程式碼

為了讓讀者更好地理解文書自動化處理的過程，我們把上述的程式碼進行了匯總，以便讀者在工作中參考使用，完整的程式碼如下所示：

```python
from docx.shared import Inches
from docx.enum.text import WD_PARAGRAPH_ALIGNMENT
from docx import Document
document = Document()

document.add_heading('企業運營週報', 0)
document.add_heading('一、銷售一組業績分析')
document.add_heading('1.銷售額統計', level=2)

paragraph1 = document.add_paragraph('8 月銷售部 6 個小組的銷售業績分析，其中銷售一組的
銷售業績優秀，銷售額達到 1222 萬元，基本完成 1252 萬元的銷售額目標。')
paragraph1.insert_paragraph_before('2020 年 8 月銷售業績排名前 3 的小組：銷售一組、銷售
三組、銷售六組。')

paragraph2 = document.add_paragraph()
paragraph2.alignment = WD_PARAGRAPH_ALIGNMENT.CENTER
run = paragraph2.add_run("")
run.add_picture('F:\Samples\ch07\銷售一組 8 月銷售額統計.png', width=Inches(5.5))

records = (
    ('陳小華', 399, 341),
    ('張小明', 422, 445),
```

```
    ('李小民', 431, 436)
)
table = document.add_table(rows=1, cols=3)
hdr_cells = table.rows[0].cells
hdr_cells[0].text = '姓名'
hdr_cells[1].text = '計畫銷售額（萬元）'
hdr_cells[2].text = '實際銷售額（萬元）'
for name, sales_planned, sales_actual in records:
    row_cells = table.add_row().cells
    row_cells[0].text = name
    row_cells[1].text = str(sales_planned)
    row_cells[2].text = str(sales_actual)

styles = document.styles.element.xpath('.//w:style[@w:type="table"]/@w:styleId')
table.style = 'Table Grid'

paragraph3 = document.add_paragraph()
paragraph3.add_run("")

styles = document.styles.element.xpath('.//w:style[@w:type="paragraph"]/@w:styleId')
document.add_paragraph('由業績資料可以看出：8 月張小明額完成業績，李小民剛好完成業
績，陳小華沒有完成業績。', style='Normal')

styles = document.styles.element.xpath('.//w:style[@w:type="character"]/@w:styleId')
paragraph4 = document.add_paragraph('銷售部銷售一組 8 月績效薪資：')
paragraph4.add_run('張小明 5000 元，李小民 3000 元，陳小華 0 元。', 'Subtitle Char')

document.add_page_break()

document.save('銷售部 8 月銷售考核.docx')
```

執行上述案例程式，在目錄下就會生成「銷售部 8 月銷售考核.docx」文件檔，
打開該文件後的成果就本章一開始的圖 7-3 所示。

7.4　上機實作

練習 1：使用 Python-docx 庫製作個人月度消費情況的表格，包括衣、食、
住、行等方面的消費支出。

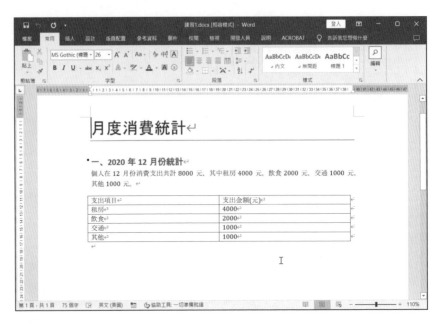

提示：

請參考下載之本書隨附相關檔案中 ch07 目錄內的「07-上機實作題.ipynb」參考答案。

第 8 章
利用 Python 進行文書自動化處理

Word 是日常工作中使用比較頻繁的文書處理軟體，如何快速、高效地處理文件是我們在辦公過程中經常遇到的難題。尤其是當需要處理重複的多個文件時，機械性地處理文件雖然可以完成任務，但是所花費的時間成本和人力成本是企業所不能接受的。

本章將詳細介紹如何使用 Python-docx 程式庫自動化處理文件的頁首、樣式、文字和節等內容。

8.1 自動化處理頁首

頁首是出現在 Word 文件頂端區域的文字，與正文分開，通常傳達上下文資訊，如文件標題、作者、建立日期或頁碼等訊息。

8.1.1 存取頁首

一般來說，頁首和頁尾會連結一個節，所謂的「節（section）」，就是 Word 用來劃分文件的一種方式。之所以引入「節」，是因為我們在編輯文件時，不是所有的頁面都採用了相同的外觀。Word 允許文件的每個「節」都具有不同的頁首和頁尾。

Word 文件中的每個節都具有一個 header 屬性，用於存取該節的 Header 物件，程式碼如下所示：

```python
from docx import Document

document = Document()
section = document.sections[0]
header = section.header
header
```

程式碼輸出結果如下所示。

```
<docx.section._Header at 0x1f4d246da60>
```

Header 物件始終在 header 屬性中。header.is_linked_to_previous 表示是否存在實際的頁首，程式碼如下所示：

```
header.is_linked_to_previous
```

程式碼輸出結果如下所示。

```
True
```

當輸出結果為 True 時，表示 Header 物件不包含頁首，並且該節將顯示與上一節相同的頁首。這種「繼承」行為是遞迴的，因此頁首實際上是從具有頁首定義的第一個節中繼承的。

新文件沒有頁首，在這種情況下 header.is_linked_to_previous 的值為 True。這是因為沒有先前的頁首可繼承，因此在這種「沒有上一個頁首」的情況下，文件不會顯示任何頁首。

8.1.2　新增頁首定義

透過將 header.is_linked_to_previous 的值設定為 False，可以為缺少頁首的節新增頁首，程式碼如下所示：

```
header.is_linked_to_previous = False
```

新增的頁首中包含一個空的段落。需要注意的是，以這種方式關閉頁首時會很有用，因為它可以有效地「關閉」該節及隨後一節的頁首，直到下一個具有已定義頁首的節。

對於具有已定義的頁首，將其 header.is_linked_to_previous 屬性設定為 False 後不會執行任何操作。

節首會自動定位繼承的內容，如果存在任何「繼承」關係，則在編輯頁首的內容時也會編輯來源頁首的內容。例如，如果第 2 節頁首是從第 1 節繼承的，則在編輯第 2 節頁首時，實際上是在更改第 1 節頁首的內容。

8.1.3　新增簡單頁首

只需編輯 Header 物件的內容，即可將頁首新增到新文件中。Header 物件是一個容器，編輯其內容就像編輯 Document 物件的內容一樣。需要注意的是，在新頁首中已經包含一個空段落。程式碼如下所示：

```
paragraph = header.paragraphs[0]
paragraph.text = "Python 自動化處理"
```

新增內容後就新增了頁首定義，並更改了 header.is_linked_to_previous 屬性的狀態，這時輸出結果為 False。程式碼如下所示：

```
header.is_linked_to_previous
```

程式碼輸出結果如下所示。

```
False
```

8.1.4　新增「分區」頁首

具有多個「區域」的頁首通常是使用定位點來實現的。定位點是 Word 文件中頁首和頁尾樣式的一部分。

在 Word 文件中插入定位字元（「\t」）用於分隔靠左對齊、置中對齊和靠右對齊的頁首，程式碼如下所示：

```
paragraph = header.paragraphs[0]
paragraph.text = "靠左對齊文字\t 置中對齊文字\t 靠右對齊文字"
paragraph.style = document.styles["Header"]
```

Header 樣式會自動被套用到新的頁首中，因此在這種情況下，不需要新增上面的第 3 行程式碼。如果您想查看實際製作出來的 Word 文件效果，可加一行儲存成 .docx 檔案：

```
document.save('ch08-頁首範例.docx')
```

然後以 Word 實際開啟來看看這份由 Python 製作的文件頁首是什麼樣子：

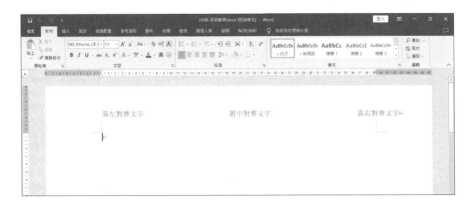

8.1.5　移除頁首

可以透過將 header.is_linked_to_previous 屬性設定為 True 來刪除不需要的頁首。

```
header.is_linked_to_previous = True
```

分配完成後，頁首就會被刪除，而且操作是不可還原的。

8.2　自動化處理樣式

8.2.1　樣式物件簡介

在 Word 中，樣式是一種集合了多種基本格式的複合格式。將所有需要設定的格式都新增到樣式之後，就可以使用樣式來設定內容的格式。在設定時會將樣式中包含的所有格式一次性設定到內容中，避免了每次都要重複設定每一種基礎格式的麻煩。由於樣式支援在不同文件之間進行複製的操作，因此使用樣式可以很容易實現對不同文件中的內容設定相同的格式。使用樣式除了具有簡化操作、提高效率的優點，還具有批次編輯、易於修改兩個顯著的優點。

文件樣式的編輯都是在「樣式」窗格中進行設定的。按一下「常用」標籤→「樣式」選項群組右下角的對話方塊啟動器，打開「樣式」窗格，如圖 8-1 所示。該窗格中顯示了一些常用樣式。為了將樣式中具有的格式特性顯示到樣式名上，可以勾選「樣式」窗格中的「顯示預覽」核取方塊，以便讓使用者從名稱就可以快速瞭解樣式中的格式。

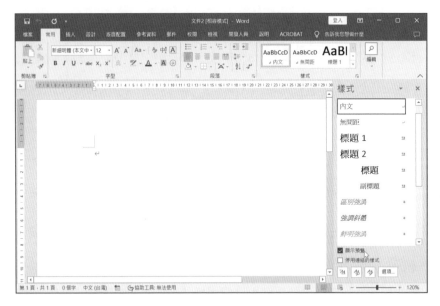

圖 8-1　打開「樣式」窗格

8.2.2　存取樣式

可以使用 document.styles 屬性存取樣式，程式碼如下所示：

```python
from docx import Document

document = Document()
styles = document.styles
styles
```

程式碼輸出結果如下所示。

```
<docx.styles.styles.Styles at 0x1f4d5434eb0>
```

Styles 物件提供了可以按名稱對定義的樣式進行存取，程式碼如下：

```
styles['Normal']
```

程式碼輸出結果如下所示。

```
_ParagraphStyle('Normal') id: 2151028410928
```

Styles 物件也可以進行反覆運算。例如，生成已定義段落樣式的清單，下面的程式將會輸出 36 種段落樣式的名稱，程式碼如下所示：

```
from docx.enum.style import WD_STYLE_TYPE
styles = document.styles
paragraph_styles = [s for s in styles if s.type == WD_STYLE_TYPE.PARAGRAPH]
for style in paragraph_styles:
    print(style.name)
```

程式碼輸出結果如下所示。

```
Normal
Header
Footer
Heading 1
Heading 2
...
```

8.2.3　套用樣式

Paragraph 物件、Run 物件和 Table 物件都有一個 style 屬性，可以透過 .style 查看該樣式的編號 id，程式碼如下所示：

```
document = Document()
paragraph = document.add_paragraph()
paragraph.style
```

程式碼輸出結果如下所示。

```
_ParagraphStyle('Normal') id: 1666583124768
```

可以透過.style.name 查看該樣式的名稱，程式碼如下所示：

```
paragraph.style.name
```

程式碼輸出結果如下所示。

```
'Normal'
```

可以將樣式物件分配給 style 屬性，再套用該樣式，程式碼如下所示：

```
paragraph.style = document.styles['Heading 6']
paragraph.style.name
```

程式碼輸出結果如下所示。

```
'Heading 6'
```

樣式名稱也可以直接指定，程式碼如下所示：

```
paragraph.style = 'List Continue'
paragraph.style
```

程式碼輸出結果如下所示。

```
_ParagraphStyle('List Continue') id: 1666583073456
```

然後查看該樣式的名稱，程式碼如下所示：

```
paragraph.style.name
```

程式碼輸出結果如下所示。

```
'List Continue'
```

可以在建立段落時，使用樣式物件來套用樣式，程式碼如下所示：

```
paragraph = document.add_paragraph(style='List Continue')
paragraph.style.name
```

程式碼輸出結果如下所示。

```
'List Continue'
```

也可以使用樣式名稱來套用樣式，程式碼如下所示：

```
body_text_style = document.styles['List Continue']
paragraph = document.add_paragraph(style=body_text_style)
paragraph.style.name
```

程式碼輸出結果如下所示。

```
'List Continue'
```

8.2.4　新增或刪除樣式

透過指定唯一名稱和樣式類型，可以將新樣式新增到文件中，程式碼如下：

```
from docx.enum.style import WD_STYLE_TYPE
styles = document.styles
style = styles.add_style('Citation', WD_STYLE_TYPE.PARAGRAPH)
style.name
```

程式碼輸出結果如下所示。

```
'Citation'
```

可以使用 base_style 屬性指定新樣式應該繼承的格式，程式碼如下所示：

```
style.base_style = styles['Normal']
style.base_style
```

程式碼輸出結果如下所示。

```
_ParagraphStyle('Normal') id: 1666583080048
```

使用 len() 函數統計文件已有樣式的數量，程式碼如下所示：

```
styles = document.styles
len(styles)
```

程式碼輸出結果如下所示。

```
165
```

先使用 delete() 函數將樣式從文件中刪除，再統計刪除指定文件樣式後的長度，程式碼如下所示：

```
styles['Citation'].delete()
len(styles)
```

程式碼輸出結果如下所示。

```
164
```

NOTE

使用 delete() 函數從文件中刪除樣式後，不會影響套用該樣式的內容。

8.2.5　定義字元格式

字元、段落和表格樣式都可以指定要套用該樣式內容的字元格式，包括字型大小、粗體、斜體和底線等。這 3 種樣式類型都有一個 font 屬性，其提供了對 Font 物件的存取，用於獲取和設定該樣式字元格式的屬性。

可以對樣式的字型進行存取，程式碼如下所示：

```python
from docx import Document
document = Document()
style = document.styles['Normal']
font = style.font
```

也可以設定樣式的字型和字型大小，程式碼如下所示：

```python
from docx.shared import Pt
font.name = 'Calibri'
font.size = Pt(12)
```

字型屬性具有 3 個選項，即 True、False 和 None。其中，True 表示屬性為 on，False 表示屬性為 off，None 表示「繼承」。

8.2.6　定義段落格式

段落樣式允許指定段落格式，透過 paragraph_format 屬性可以存取 Paragraph_Format 物件。段落格式包括版面配置，如對齊和縮排等。下面介紹建立具有 0.25 英寸的首行凸排、上方 12p 間距的段落樣式，程式碼如下所示：

```python
from docx.enum.style import WD_STYLE_TYPE
from docx.shared import Inches, Pt
document = Document()
style = document.styles.add_style('Indent', WD_STYLE_TYPE.PARAGRAPH)
paragraph_format = style.paragraph_format
paragraph_format.left_indent = Inches(0.25)
paragraph_format.first_line_indent = Inches(-0.25)
paragraph_format.space_before = Pt(12)
```

8.2.7　使用段落特定的樣式屬性

段落樣式具有 next_paragraph_style 屬性，該屬性指定插入的新段落樣式。當樣式僅在序列（標題）中出現一次時，在這種情況下，可以將段落樣式自動設定為返回正文樣式。

在一般情況下，後續段落應採用與目前段落相同的樣式。如果未指定下一個段落樣式，則預設可以套用與目前段落相同的樣式。

將 Heading 1 樣式的下一個段落更改為正文樣式，程式碼如下所示：

```python
from docx import Document
document = Document()
styles = document.styles
styles['Heading 1'].next_paragraph_style = styles['Body Text']
heading_1_style = styles['Heading 1']
heading_1_style.next_paragraph_style.name
```

程式碼輸出結果如下所示。

```
'Body Text'
```

可以透過分配樣式名稱來恢復預設的正文樣式，程式碼如下所示：

```python
heading_1_style.next_paragraph_style = heading_1_style
heading_1_style.next_paragraph_style.name
```

程式碼輸出結果如下所示。

```
'Heading 1'
```

也可以透過分配 None 來恢復預設的正文樣式，程式碼如下所示：

```python
heading_1_style.next_paragraph_style = None
heading_1_style.next_paragraph_style.name
```

程式碼輸出結果如下所示。

```
'Heading 1'
```

8.2.8　控制樣式的顯示方式

樣式的屬性分為兩類：行為屬性和格式屬性。行為屬性控制樣式在文件中顯示的時間和位置。格式屬性決定了要套用樣式的內容格式，如字型大小及段落縮排等格式。

樣式有 5 個行為屬性：hidden、unhide_when_used、priority、quick_style、locked。其中，priority 屬性採用整數值表示，其他 4 個屬性都有 True（打開）、False（關閉）和 None（繼承）3 個選項。

例如，在工具列的快速樣式列示方塊中顯示「Body Text」樣式（Word 中文版本的名稱為「本文」），程式碼如下所示：

```python
from docx import Document
document = Document()
style = document.styles['Body Text']
style.hidden = False
style.quick_style = True
```

例如，讓「Normal（內文）」樣式不要出現在工具列的快速樣式列示方塊中，程式碼如下所示：

```python
style = document.styles['Normal']
style.hidden = False
style.quick_style = False
```

8.2.9　處理潛在樣式

可以使用樣式物件存取文件中的潛在樣式，程式碼如下所示：

```python
document = Document()
latent_styles = document.styles.latent_styles
latent_quote = latent_styles['Quote']
latent_quote
```

程式碼輸出結果如下所示。

```
<docx.styles.latent.LatentStyle object at 0x10a7c4f50>
```

查看文件中是否有「List Bullet」樣式，程式碼如下所示：

```
latent_style = latent_styles['List Bullet']
```

程式碼輸出結果如下所示，表示沒有該樣式。

```
KeyError: no latent style with name 'List Bullet'
```

可以使用 LatentStyles 物件中的 add_latent_style() 函數新增新的潛在樣式，程式碼如下所示：

```
latent_style = latent_styles.add_latent_style('List Bullet')
latent_style.hidden = False
latent_style.priority = 2
latent_style.quick_style = True
```

可以透過呼叫 delete() 函數刪除潛在樣式，程式碼如下所示：

```
latent_styles['Light Grid'].delete()
latent_styles['Light Grid']
```

程式碼輸出結果如下所示。

```
KeyError: no latent style with name 'Light Grid'
```

8.3　自動化處理文字

8.3.1　設定段落文字對齊

可以使用列舉類別（WD_ALIGN_PARAGRAPH）中的值設定段落文字的對齊方式，程式碼如下所示：

```
from docx.enum.text import WD_ALIGN_PARAGRAPH
document = Document()
paragraph = document.add_paragraph()
paragraph_format = paragraph.paragraph_format
paragraph_format.alignment
```

程式碼輸出結果如下所示。

```
None
```

例如，將段落文字設定為置中對齊，程式碼如下所示：

```
paragraph_format.alignment = WD_ALIGN_PARAGRAPH.CENTER
paragraph_format.alignment
```

程式碼輸出結果如下所示。

```
1
```

8.3.2　設定段落縮排

縮排是段落與其容器邊界之間的水準空隙，通常是指頁邊界。縮排單位有英寸（Inches）、點（Pt）和公分（Cm）。

查看段落文字左側的縮排，程式碼如下所示：

```
from docx.shared import Inches
paragraph = document.add_paragraph()
paragraph_format = paragraph.paragraph_format
paragraph_format.left_indent
```

程式碼輸出結果如下所示。

```
None
```

例如，將段落文字設定為左側縮排 0.5 英寸，程式碼如下所示：

```
paragraph_format.left_indent = Inches(0.5)
paragraph_format.left_indent.inches
```

程式碼輸出結果如下所示。

```
0.5
```

設定右側縮排的方法與設定左側縮排的方法相同，下面查看段落文字右側縮排，程式碼如下所示：

```
from docx.shared import Pt
paragraph_format.right_indent
```

程式碼輸出結果如下所示。

```
None
```

例如，將段落文字設定為右側縮排 24 點，程式碼如下所示：

```
paragraph_format.right_indent = Pt(24)
paragraph_format.right_indent.pt
```

程式碼輸出結果如下所示。

```
24
```

此外，首行縮排使用 first_line_indent 屬性進行設定，負值表示首行凸排，如 -0.25 英寸，程式碼如下所示：

```
paragraph_format.first_line_indent = Inches(-0.25)
print(paragraph_format.first_line_indent.inches)
```

程式碼輸出結果如下所示。

```
-0.25
```

8.3.3　設定定位點

定位點決定了段落文字中定位字元的呈現方式。段落或樣式的定位點在 Tab_Stops 物件中，該物件使用 Paragraph_Format 物件中的 tab_stops 屬性進行存取，程式碼如下所示：

```
tab_stops = paragraph_format.tab_stops
print(tab_stops)
```

程式碼輸出結果如下所示。

```
<docx.text.tabstops.TabStops object at 0x106b802d8>
```

使用 add_tab_stop() 函數新增一個新的定位點，程式碼如下所示：

```
tab_stop = tab_stops.add_tab_stop(Inches(1.5))
print(tab_stop.position.inches)
```

程式碼輸出結果如下所示。

```
1.5
```

8.3.4 設定段落間距

space_before 屬性和 space_after 屬性用於控制後續段落的間距：分別控制段落之前和段落之後的間距，通常使用點（Pt）來指定段落間距的數值，程式碼如下所示：

```
print(paragraph_format.space_before, paragraph_format.space_after)
```

程式碼輸出結果如下所示。

```
(None, None)
```

例如，控制與前段距離為 18 點，程式碼如下所示：

```
paragraph_format.space_before = Pt(18)
print(paragraph_format.space_before.pt)
```

程式碼輸出結果如下所示。

```
18.0
```

例如，控制段落之後的間距為 12 點，程式碼如下所示：

```
paragraph_format.space_after = Pt(12)
print(paragraph_format.space_after.pt)
```

程式碼輸出結果如下所示。

```
12.0
```

8.3.5 設定行距

行距由 line_spacing 屬性和 line_spacing_rule 屬性的相互作用控制。line_spacing 可以是絕對值、float 值或 None。line_spacing_rule 可以是 WD_LINE_SPACING 列舉的成員或 None。

透過 line_spacing 屬性查看文字的行距，程式碼如下所示：

```
from docx.shared import Length
paragraph_format.line_spacing
```

程式碼輸出結果如下所示。

```
None
```

透過 line_spacing_rule 屬性查看文字的行距，程式碼如下所示：

```
paragraph_format.line_spacing_rule
```

程式碼輸出結果如下所示。

```
None
```

透過 line_spacing 屬性自訂設定文字的行距，程式碼如下所示：

```
paragraph_format.line_spacing = Pt(18)
paragraph_format.line_spacing.pt
```

程式碼輸出結果如下所示。

```
18.0
```

透過 line_spacing_rule 屬性設定文字的行距類型，程式碼如下所示：

```
paragraph_format.line_spacing_rule
```

程式碼輸出結果如下所示。

```
EXACTLY (4)
```

8.3.6　設定分頁屬性

keep_together、keep_with_next、page_break_before 和 window_control 4 個段落屬性控制著段落在分頁上的顯示情況。

- keep_together：段落中不分頁。

- keep_with_next：與下段同頁。

- page_break_before：段落前分頁。

- window_control：段落遺留字串控制，避免讓段落的第一行或最後一行與段落的其餘部分分開。

這 4 個屬性都有 True、False 和 None 3 個選項。其中，None 選項表示屬性值是從樣式層次結構繼承的，程式碼如下所示：

```
paragraph_format.keep_together
```

程式碼輸出結果如下所示。

```
None
```

True 選項表示打開，程式碼如下所示：

```
paragraph_format.keep_with_next = True
paragraph_format.keep_with_next
```

程式碼輸出結果如下所示。

```
True
```

False 選項表示關閉，程式碼如下所示：

```
paragraph_format.page_break_before = False
paragraph_format.page_break_before
```

程式碼輸出結果如下所示。

```
False
```

8.3.7　設定字型和字型大小

Font 物件提供了用於獲取和設定字元格式的屬性，可以透過以下方法設定字型和字型大小。例如，將字型設定為「Calibri」，字型大小設定為「12」點，程式碼如下所示：

```
from docx import Document
document = Document()
run = document.add_paragraph().add_run()
font = run.font

from docx.shared import Pt
font.name = 'Calibri'
font.size = Pt(12)
```

字型屬性也有 True、False 和 None 3 個選項，與分頁屬性的功能類似。

8.3.8　設定字型色彩

每個字型的 Font 物件都有一個 ColorFormat 物件，該物件可以透過 color 屬性存取其色彩，程式碼如下所示：

```
from docx.shared import RGBColor
font.color.rgb = RGBColor(0x42, 0x24, 0xE9)
```

可以透過分配 MSO_THEME_COLOR_INDEX（指示主題色彩，即格式功能區上的色彩程式庫中顯示的色彩，別名為 MSO_THEME_COLOR）列舉的成員來設定字型的色彩，程式碼如下所示：

```
from docx.enum.dml import MSO_THEME_COLOR
font.color.theme_color = MSO_THEME_COLOR.ACCENT_1
```

還可以透過設定 ColorFormat 物件的 rgb 屬性或 theme_color 屬性，將字型的色彩恢復為其預設值，程式碼如下所示：

```
font.color.rgb = None
```

8.4　自動化處理節

8.4.1　節物件簡介

在某些文件中，可能會使用較寬的表格，在這種情況下對帶有表格的頁面進行「旋轉」，可以讓表格更好地顯示。這時就需要利用「分節」技術來控制某個特定頁面的版面屬性。

在 Word 2016 中，插入分節符號的方法：按一下「版面配置」標籤→「版面設定」→「分隔符號」下拉按鈕，然後在「分隔符號」下拉方塊中選擇合適的分節符號類型，如圖 8-2 所示。

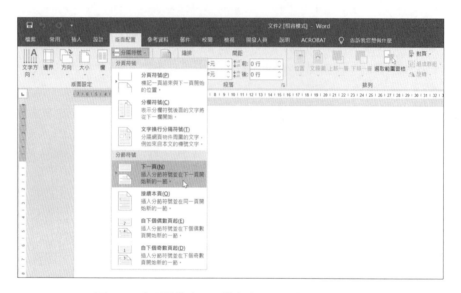

圖 8-2　「分隔符號」下拉方塊的分節符號相關選項

在 Word 中，有 4 種類型的分節符號，分別是「下一頁」、「接續本頁」、「自下個偶數頁起」和「自下個奇數頁起」，下面介紹這 4 種分節符號的作用。

1. 下一頁

在插入「下一頁」分節符號的地方，Word 會強制分頁，新的「節」從下一頁開始。如果要在不同頁面上分別套用不同的頁碼樣式、頁首和頁尾文字，以及想改變頁面的紙張方向、縱向對齊方式或紙的大小等，則應該使用這種分節符號。

2. 接續本頁

插入「接續本頁」分節符號後，文件不會被強制分頁。如果「接續本頁」分節符號前後的頁面設定不同，如紙型大小和紙張方向等，則即使選擇使用「接續本頁」分節符號，Word 也會在分節符號的位置強制文件分頁。「接續本頁」分節符號的作用是說明使用者在同一個頁面上建立不同的分欄樣式或不同的頁邊界大小。尤其是當我們想要建立報紙樣式的多欄編排時，就需要使用「接續本頁」分節符號。

3. 自下個偶數頁起

「自下個偶數頁起」分節符號的功能與「自下個奇數頁起」分節符號的功能類似，只不過後面的一節是從偶數頁開始的。

4. 自下個奇數頁起

在插入「自下個奇數頁起」分節符號之後，新的一節會從其後的第一個奇數頁開始（以頁碼編號為準）。在編排長文件（如書稿）時，人們一般習慣將新的章節開頭標題會排在奇數頁，此時即可使用「自下個奇數頁起」分節符號。

> **NOTE**
>
> 如果上一章節結束的位置是一個奇數頁，則不必強制插入一個空白頁。在插入「自下個奇數頁起」分節符號後，Word 會自動在對應位置留出空白頁。

8.4.2　存取節和新增節

1. 存取節

透過 Document 物件的 sections 屬性可以對文件節（section）進行存取，程式碼如下所示：

```
document = Document()
sections = document.sections
sections
```

程式碼輸出結果如下所示。

```
<docx.section.Sections at 0x1f4d346bbe0>
```

統計文件已中有幾個節，程式碼如下所示：

```
len(sections)
```

程式碼輸出結果如下所示。

```
1
```

查看文件中已有的文件節，程式碼如下所示：

```
for section in sections:
    print(section.start_type)
```

程式碼輸出結果如下所示。

```
NEW_PAGE (2)
```

2. 新增節

在新增節之前，先查看文件最後一個節，程式碼如下所示：

```
current_section = document.sections[-1]
current_section.start_type
```

程式碼輸出結果如下所示。

```
2
```

document.add_section() 函數允許在文件末尾新增新的節，呼叫此函數後新增的段落或表格將會出現在新的節中，程式碼如下所示：

```
from docx.enum.section import WD_SECTION
new_section = document.add_section(WD_SECTION.ODD_PAGE)
new_section.start_type
```

程式碼輸出結果如下所示。

```
4
```

8.4.3　節的主要屬性

Section 物件具有多個屬性，這些屬性允許查看和設定頁面配置。

1. 頁面大小和方向

節中的 orientation、page_width、page_height 3 個屬性用於描述頁面的大小和方向，程式碼如下所示：

```
section.orientation, section.page_width, section.page_height
```

程式碼輸出結果如下所示。

```
(0, 7772400, 10058400)
```

可以將節的方向從縱向更改為橫向，程式碼如下所示：

```
from docx.enum.section import WD_ORIENT
new_width, new_height = section.page_height, section.page_width
section.orientation = WD_ORIENT.LANDSCAPE
section.page_width = new_width
section.page_height = new_height
section.orientation, section.page_width, section.page_height
```

程式碼輸出結果如下所示。

```
(1, 7772400, 10058400)
```

2. 頁邊界

節中的 left_margin、right_margin、top_margin、bottom_margin、gutter、header_distance、footer_distance 等屬性用於指定頁邊界，它們確定了文字在頁面上的顯示位置。

查看左邊界和右邊界的數值，程式碼如下所示：

```
from docx.shared import Inches
section.left_margin, section.right_margin
```

程式碼輸出結果如下所示。

```
(1143000, 1143000)
```

查看上邊界和下邊界的數值，程式碼如下所示：

```
section.top_margin, section.bottom_margin
```

程式碼輸出結果如下所示。

```
(914400, 914400)
```

查看裝訂線距離的數值，程式碼如下所示：

```
section.gutter
```

程式碼輸出結果如下所示。

```
0
```

查看頁首和頁尾距離的數值，程式碼如下所示：

```
section.header_distance, section.footer_distance
```

程式碼輸出結果如下所示。

```
(457200, 457200)
```

也可以自訂左邊界和右邊界的數值，程式碼如下所示：

```
section.left_margin = Inches(1.5)
se€ction.right_margin = Inches(1)
section.left_margin, section.right_margin
```

程式碼輸出結果如下所示。

```
(1371600, 914400)
```

8.5　上機實作題

練習：使用 Python-docx 程式庫製作如圖 8-3 所示的公司員工請假單。

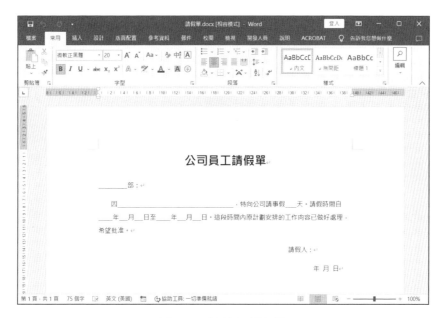

圖 8-3　公司員工請假單

提示：

請參考下載之本書隨附相關檔案中 ch08 目錄內的「08-上機實作題.ipynb」參考答案。

第 9 章
利用 Python 製作企業營運月報
Word 版文件

在第 7 章和第 8 章已經詳細介紹了 Python-docx 程式庫的主要功能，本章將以某電商企業為例，詳細介紹利用 Python 中的 Python-docx 程式庫製作企業營運月報 Word 版文件，其中門市分店營運資料的視覺化分析是為後面的營運報告提供的圖表。

9.1　整理及清洗門市分店銷售資料

由於各門市分店提交的月度營運資料可能存在缺失值和異常值等情況，因此在進行資料分析之前，需要整理和清洗門市分店銷售資料。下面介紹其中的主要步驟，包括合併各門市分店的銷售資料、異常資料的檢查和處理、缺失資料的檢測與處理。2020 年 10 月 9 家門市分店的營運資料儲存在「門市分店銷售業績月報表.xls」檔案中。

9.1.1　合併各門市分店的銷售資料

該電商企業 2020 年 10 月各門市分店的銷售資料都儲存在「門市分店銷售業績月報表」目錄中（共有 9 個），資料都是 Excel 格式的檔案。這裡需要對各門市分店的資料進行合併，程式碼如下所示：

```python
import pandas as pd
from glob import glob

files = sorted(glob('門市分店銷售業績月報表\*.xls'))
df1 = pd.concat((pd.read_excel(file) for file in files), ignore_index=True)
df1
```

在 JupyterLab 中執行上述程式碼，輸出結果如下所示。合併後的資料集共有416 條記錄和 10 個屬性。

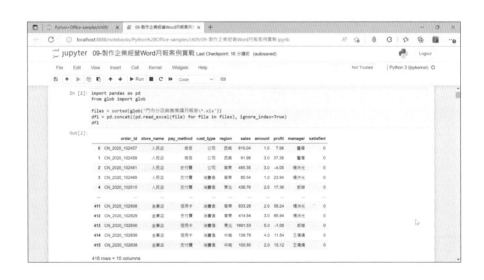

9.1.2　異常資料的檢查和處理

我們需要檢查資料集中是否有異常資料。例如，這裡的檢測規則是銷售額小於 0 元，以及銷售額小於利潤額，即符合上述兩種情況之一的都是異常資料，程式碼如下所示：

```
df1[df1['sales']<0]                      #銷售額小於 0 元
```

程式碼輸出結果如下所示。

```
df1[df1['sales']<df1['profit']]          #銷售額小於利潤額
```

程式碼輸出結果如下所示。

由於異常資料只有兩條，占比非常少，因此對於資料集中的異常資料，我們可以採取直接刪除的方法，程式碼如下所示：

```
df2 = df1[(df1['sales']>=df1['profit']) & (df1['sales']>0)]
df2
```

在 JupyterLab 中執行上述程式碼，輸出結果如下所示，整理之後的資料集還有 414 條記錄。

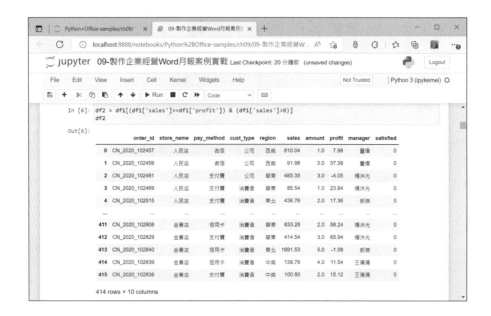

9.1.3　缺失資料的檢測與處理

此外，在對資料進行分析之前，還需要檢測資料集中是否有缺失值，以及哪些欄位存在缺失值等，程式碼如下所示：

```
df2.isnull().any()
```

在 JupyterLab 中執行上述程式碼，輸出結果如下所示，可以看出銷售量 amount 欄位有缺失值。

```
order_id      False
store_name    False
pay_method    False
cust_type     False
region        False
sales         False
amount        True
profit        False
manager       False
satisfied     False
dtype: bool
```

然後，透過 any() 函數篩選出資料集中存在缺失資料的記錄，程式碼如下：

```
df2[df2.isna().T.any()]
```

在 JupyterLab 中執行上述程式碼，輸出結果如下所示，只有 1 條記錄。

對於銷售量的缺失資料，我們可以採取填充預設值的方法進行處理，預設值為
1，程式碼如下所示：

```
df3 = df2.fillna(1)
```

最後把整理好的資料儲存成「門市分店銷售業績月報表.xlsx」檔，之後可以此
檔以 Excel 再進行細部的樞紐分析和視覺化處理。

```
#匯出存成「門市分店銷售業績月報表.xlsx」檔
df3.to_excel("門市分店銷售業績月報表.xlsx",sheet_name="10 月份",index=False)
```

此外也可以上述整理好的 df3 再對其 store_name 彙總：

```
df4 = df3.groupby(df3['store_name'],as_index=False).sum()
```

再把 df4 匯出存成「門市分店銷售利潤彙總.xlsx」檔，利用此檔案在下一小節
進行繪製視覺化的長條圖。

```
#匯出資料
df4.to_excel("門市分店銷售利潤彙總.xlsx",sheet_name="銷售利潤彙總",index=False)
```

9.2　營運資料的視覺化分析

9.2.1　門市分店營運資料的視覺化分析

為了比較 2020 年 10 月各門市分店的銷售額，我們把上述製作好的「門市分店銷售利潤彙總.xlsx」檔當作製作視覺化圖表的資料來源，以上來繪製長條圖。

下面是繪製各門市分店銷售額的長條圖，程式碼如下所示：

```python
import numpy as np
import matplotlib as mpl
import matplotlib.pyplot as plt
from matplotlib.font_manager import FontProperties
mpl.rcParams['font.sans-serif']=['Microsoft Jhenghei']    #顯示中文
plt.rcParams['axes.unicode_minus']=False        #正常顯示負號
import squarify

v1 = []
v2 = []
v3 = []

#讀取表的資料
df = pd.read_excel('門市分店銷售利潤彙總.xlsx')
df = pd.DataFrame(df)
#df = np.array(df).tolist()

v1 = df['store_name'].tolist()
v2 = df['sales'].tolist()
v3 = df['profit'].tolist()

plt.figure(figsize=(11,7))                    #設定圖形大小
colors = ['LightCoral','Salmon','LightSalmon','Tomato','DarkSalmon',
'Coral','SandyBrown','DarkOrange','Orange']    #設定色彩資料
plt.bar(v1, v2, alpha=0.5, width=0.4, color=colors, edgecolor='red', label='銷售額',
lw=1)
plt.legend(loc='upper right',fontsize=16)
plt.xticks(np.arange(9), v1, rotation=13)        #rotation 控制傾斜角度

#fontsize 控制字型大小
plt.ylabel('銷售額', fontsize=16)
plt.title('2020 年 10 月不同門市分店銷售額分析', fontsize=20)

#設定座標軸上數值字型大小
plt.tick_params(axis='both', labelsize=16)
plt.savefig('門市分店銷售額分析.png')
plt.show()
```

在 JupyterLab 中執行上述程式碼，生成如圖 9-1 所示的各門市分店銷售額的橫條圖。

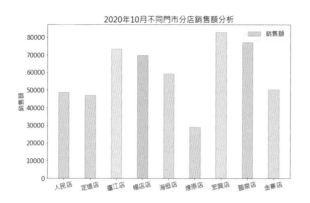

圖 9-1　各門市分店銷售額的長條圖

此外，為了分析各門市分店利潤額和銷售額的關係，下面繪製了兩者之間的散佈圖，程式碼如下所示：

```
import matplotlib.pyplot as plt
import numpy as np
plt.rcParams['font.sans-serif'] = ['Microsoft Jhenghei']
plt.rcParams['axes.unicode_minus']=False
import squarify

v1 = []
v2 = []
v3 = []

#讀取表資料
df = pd.read_excel('門市分店銷售利潤彙總.xlsx')
df = pd.DataFrame(df)

v1 = df['store_name'].tolist()
v2 = df['sales'].tolist()
v3 = df['profit'].tolist()

plt.figure(figsize=(11,7))                #設定圖形大小
colors = ['LightCoral','Salmon','LightSalmon','Tomato','DarkSalmon',
'Coral','SandyBrown','DarkOrange','Orange']    #設定色彩資料
#marker 表示點的形狀，s 表示點的大小，alpha 表示點的透明度
plt.scatter(v2, v3, color=colors, marker='o', s=395, alpha=0.8)
plt.xlabel('銷售額', fontsize=16)
plt.ylabel('利潤額', fontsize=16)
plt.title('2020 年 10 月利潤額與銷售額關係分析', fontsize=20)
plt.tick_params(axis='both', labelsize=16)
plt.savefig('門市分店利潤額分析.png')
plt.show()
```

在 JupyterLab 中執行上述程式碼，生成如圖 9-2 所示的各門市分店利潤額與銷售額的散佈圖。

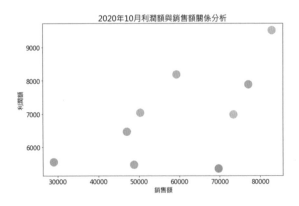

圖 9-2　各門市分店利潤額與銷售額的散佈圖

9.2.2　地區銷售資料的視覺化分析

為了比較 2020 年 10 月各銷售地區的銷售額，下面繪製地區銷售額的樹狀圖，
程式碼如下所示：

```python
import pandas as pd
import matplotlib as mpl
import matplotlib.pyplot as plt
mpl.rcParams['font.sans-serif']=['Microsoft Jhenghei']        #顯示中文
plt.rcParams['axes.unicode_minus']=False                #正常顯示負號
import squarify


#讀取表資料
df = pd.read_excel('門市分店銷售業績月報表.xlsx')
df = pd.DataFrame(df)
df = df.groupby(df['region'],as_index=False).sum()

v1 = df['sales'].tolist()
v2 = df['region'].tolist()

plt.figure(figsize=(11,7))        #設定圖形大小
colors = ['LightCoral','Salmon','LightSalmon','Tomato','DarkSalmon','Coral']
                                  #設定色彩資料
plot=squarify.plot(
    sizes=v1,                     #指定繪圖資料
    label=v2,                     #標籤
    color=colors,                 #自訂色彩
    alpha=0.9,                    #指定透明度
    value=v1,                     #新增數值標籤
    edgecolor='white',            #設定邊界框色彩為白色
    linewidth=8                   #設定邊框寬度
)

plt.rc('font',size=18)            #設定標籤大小
```

```
#設定標題及字型大小
plot.set_title('2020 年 10 月不同地區銷售額分析',fontdict={'fontsize':20})
plt.axis('off')                    #去掉座標軸
plt.tick_params(top='off',right='off')       #去掉上邊框和右邊框刻度
plt.savefig('地區銷售額分析.png')
plt.show()
```

在 JupyterLab 中執行上述程式碼，生成如圖 9-3 所示的地區銷售額的樹狀圖。

圖 9-3　地區銷售額的樹狀圖

此外，為了比較各地區銷售量的大小，下面繪製各地區銷售量的水平橫條圖，
程式碼如下所示：

```
import matplotlib as mpl
import matplotlib.pyplot as plt
mpl.rcParams['font.sans-serif']=['Microsoft Jhenghei']       #顯示中文
plt.rcParams['axes.unicode_minus']=False            #正常顯示負號

#v1 = []
#v2 = []

#讀取表資料
df = pd.read_excel('門市分店銷售業績月報表.xlsx')
df = pd.DataFrame(df)
df = df.groupby(df['region'],as_index=False).sum()

v1 = df['region'].tolist()
v2 = df['sales'].tolist()


plt.figure(figsize=(11,7))        #設定圖形大小
colors = ['LightCoral','Salmon','LightSalmon','Tomato','DarkSalmon','Coral']
                                #設定色彩資料
```

```
plt.barh(v1, v2, alpha=0.5, color=colors, edgecolor='red', label='銷售量', lw=1)
plt.legend(loc='upper right',fontsize=16)

#設定座標軸上數值字型大小
plt.tick_params(axis='both', labelsize=16)
plt.title('2020年10月不同地區客戶銷售量分析',fontsize = 20)
plt.savefig('地區銷售量分析.png')
plt.show()
```

在 JupyterLab 中執行上述程式碼，生成如圖 9-4 所示的各地區銷售量的水平的
橫向長條圖。

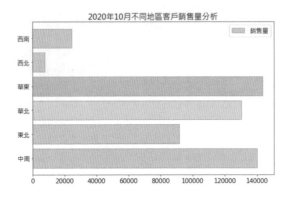

圖 9-4　各地區銷售量的水平的橫向長條圖

9.2.3　客戶購買資料的視覺化分析

為了比較 2020 年 10 月不同類型客戶的商品購買情況，下面繪製不同類型客戶
購買金額的圓形圖，程式碼如下所示：

```
import matplotlib.pyplot as plt
plt.rcParams['font.sans-serif'] = ['Microsoft Jhenghei']
import squarify

#讀取表資料
df = pd.read_excel('門市分店銷售業績月報表.xlsx')
df = pd.DataFrame(df)
df = df.groupby(df['cust_type'],as_index=False).sum()

v1 = df['cust_type'].tolist()
v2 = df['sales'].tolist()

plt.figure(figsize=(15,8))          #設定圓形圖大小
labels = v1
```

```
explode =[0.1, 0.1, 0.1]                    #每一塊離開中心距離
plt.pie(v2, explode=explode,labels=labels,autopct='%1.1f%%',textprops=
{'fontsize':16,'color':'black'})
plt.title('2020 年 10 月不同類型客戶購買金額分析',fontsize = 20)
plt.savefig('客戶購買金額分析.png')
plt.show()
```

在 JupyterLab 中執行上述程式碼，生成如圖 9-5 所示的不同類型客戶購買金額
的圓形圖。

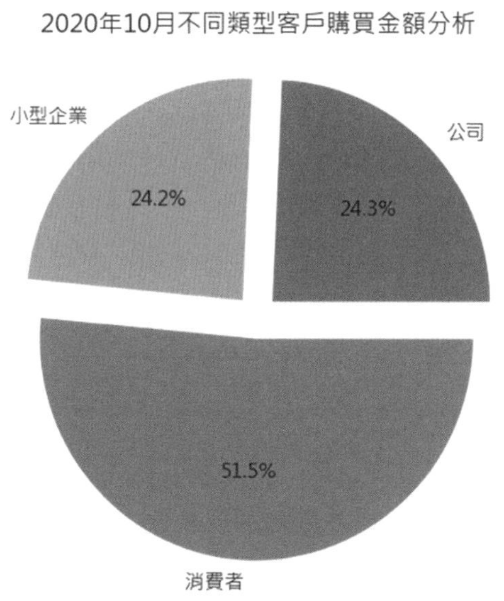

圖 9-5　不同類型客戶購買金額的圓形圖

此外，為了分析各門市分店的客戶滿意度情況，下面繪製各門市分店客戶滿意
率的折線圖，程式碼如下所示：

```
import matplotlib.pyplot as plt
plt.rcParams['font.sans-serif'] = ['Microsoft Jhenghei']        #顯示中文
plt.rcParams['axes.unicode_minus']=False          #正常顯示負號
import squarify

#讀取表資料
df = pd.read_excel('門市分店滿意度.xlsx')
df = pd.DataFrame(df)

v1 = df['store_name'].tolist()
v2 = df['satisfied'].tolist()

plt.figure(figsize=(11,7))    #設定圖形大小
```

```
#繪製折線圖
plt.plot(v1, v2)
#設定縱座標範圍
plt.ylim((60,100))
#設定橫座標角度，這裡設定為45°
plt.xticks(rotation=45)
#設定橫縱座標名稱
plt.ylabel("滿意率")
#設定折線圖名稱
plt.tick_params(axis='both', labelsize=16)
plt.title("2020年10月不同門市分店客戶滿意度分析")
plt.savefig('客戶滿意度分析.png')
plt.show()
```

在 JupyterLab 中執行上述程式碼，生成如圖 9-6 所示的各門市分店客戶滿意率的折線圖。

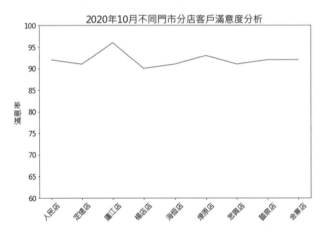

圖 9-6　各門市分店客戶滿意率的折線圖

9.3　批次製作企業營運月報

9.3.1　製作門市分店營運分析報告

在門市分店營運過程中，評價營運效果最重要的指標是銷售額和利潤額，下面
介紹使用 Python-docx 程式庫製作門市分店營運分析報告，程式碼如下：

```python
from docx.shared import Inches
from docx.enum.text import WD_PARAGRAPH_ALIGNMENT
from docx import Document
document = Document()

document.add_heading('企業營運月報', 0)

document.add_heading('1 門市分店營運分析')
document.add_heading('1.1 門市分店銷售額分析', level=2)

paragraph1 = document.add_paragraph('銷售額是衡量門市分店營運的一項重要指標，對其做
好分析工作，有助於優化整體營運節奏，2020 年 10 月各門市分店的銷售額存在較大的差異，如
下圖所示。')

paragraph2 = document.add_paragraph()
paragraph2.alignment = WD_PARAGRAPH_ALIGNMENT.CENTER
run = paragraph2.add_run("")
run.add_picture('門市分店銷售額分析.png', width=Inches(4.5))

styles = document.styles.element.xpath('.//w:style[@w:type="character"]/@w:styleId')
paragraph4 = document.add_paragraph('從圖形可以看出：')
paragraph4.add_run('眾興店的銷售額最多，超過了 8 萬元，其次是臨泉店，燎原店的銷售額最
少，不到 3 萬元。', 'Subtitle Char')

document.add_heading('1.2 門市分店利潤額分析', level=2)

paragraph1 = document.add_paragraph('利潤額是門市分店營運的最終目標，對其進行分析可
以為後續的營運提供參考，從而提升門市分店盈利能力，2020 年 10 月各門市分店的利潤額變化
較大，如下圖所示。')

paragraph2 = document.add_paragraph()
paragraph2.alignment = WD_PARAGRAPH_ALIGNMENT.CENTER
run = paragraph2.add_run("")
run.add_picture('門市分店利潤額分析.png', width=Inches(4.5))

styles = document.styles.element.xpath('.//w:style[@w:type="character"]/
@w:styleId')
paragraph4 = document.add_paragraph('從圖形可以看出：')
paragraph4.add_run('門市分店利潤額基本都在 9 千元以下，而且利潤額與銷售額的關係不是很
明顯，即銷售額大，利潤額不一定很多。', 'Subtitle Char')

document.save('銷售部 10 月銷售考核 1.docx')
```

在 JupyterLab 中執行上述程式碼，生成如圖 9-7 所示的門市分店營運分析報告 Word 版文件。

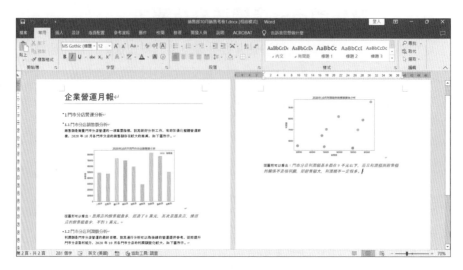

圖 9-7　門市分店營運分析報告

9.3.2　製作地區銷售分析報告

由於不同地區消費者的購買偏好存在差異，因此需要深入分析消費者的購買偏好，下面介紹使用 Python-docx 程式庫製作地區銷售分析報告，程式碼如下：

```python
from docx.shared import Inches
from docx.enum.text import WD_PARAGRAPH_ALIGNMENT
from docx import Document
document = Document()

document.add_heading('企業營運月報', 0)

document.add_heading('2 地區銷售分析')
document.add_heading('2.1 地區銷售額分析', level=2)

paragraph1 = document.add_paragraph('由於各個地區地理、文化、政治、語言和風俗不同，
從而導致消費者的購買偏好有所不同，2020 年 10 月各門市分店的銷售額存在較大的差異，如下
圖所示。')

paragraph2 = document.add_paragraph()
paragraph2.alignment = WD_PARAGRAPH_ALIGNMENT.CENTER
run = paragraph2.add_run("")
run.add_picture('地區銷售額分析.png', width=Inches(4.5))

styles = document.styles.element.xpath('.//w:style[@w:type="character"]/@w:styleId')
```

```
paragraph4 = document.add_paragraph('從圖形可以看出：')
paragraph4.add_run('華東地區的銷售額最大，達到了 14.39 萬元，其次是中南地區，超過了 14
萬元，西北地方的銷售額最少。', 'Subtitle Char')

document.add_heading('2.2 地區銷售量分析', level=2)

paragraph1 = document.add_paragraph('銷售量是指消費者或用戶在一定時期內購買某種商品
的次數，它是衡量客戶購買行為的一項重要指標，2020 年 10 月各門市分店的銷售量波動較大，
如下圖所示。')

paragraph2 = document.add_paragraph()
paragraph2.alignment = WD_PARAGRAPH_ALIGNMENT.CENTER
run = paragraph2.add_run("")
run.add_picture('地區銷售量分析.png', width=Inches(4.5))

styles = document.styles.element.xpath('.//w:style[@w:type="character"]/@w:styleId')
paragraph4 = document.add_paragraph('從圖形可以看出：')
paragraph4.add_run('華東地區的銷售量最多，超過了 120 單，其次是中南地區，超過了 100
單，西北地方的銷售量最少。', 'Subtitle Char')

document.save('銷售部 10 月銷售考核 2.docx')
```

在 JupyterLab 中執行上述程式碼，生成如圖 9-8 所示的地區銷售分析報告。

圖 9-8　地區銷售分析報告

9.3.3　製作客戶消費分析報告

客戶分析就是根據客戶的各種資訊，包括交易資料等，從而評估客戶價值，制定相應的行銷策略，下面介紹使用 Python-docx 程式庫製作客戶消費分析報告，程式碼如下所示：

```
from docx.shared import Inches
from docx.enum.text import WD_PARAGRAPH_ALIGNMENT
from docx import Document
document = Document()

document.add_heading('企業營運月報', 0)

document.add_heading('3 客戶消費分析')
document.add_heading('3.1 客戶利潤額分析', level=2)

paragraph1 = document.add_paragraph('利潤是企業在一定會計期間的經營成果，2020 年 10 月
不同類型的客戶對企業利潤額的貢獻是不同的，如下圖所示。')

paragraph2 = document.add_paragraph()
paragraph2.alignment = WD_PARAGRAPH_ALIGNMENT.CENTER
run = paragraph2.add_run("")
run.add_picture('客戶購買金額分析.png', width=Inches(4.5))

styles = document.styles.element.xpath('.//w:style[@w:type="character"]/@w:styleId')
paragraph4 = document.add_paragraph('從圖形可以看出：')
paragraph4.add_run('企業的主要利潤來源於普通的消費者，已經超過了 50%，公司和小型企業
的消費者約各占 24%。', 'Subtitle Char')

document.add_heading('3.2 客戶滿意度分析', level=2)

paragraph1 = document.add_paragraph('客戶滿意度是客戶期望值與客戶體驗的匹配程度，
2020 年 10 月各門市分店的客戶滿意度存在較大的波動性，如下圖所示。')

paragraph2 = document.add_paragraph()
paragraph2.alignment = WD_PARAGRAPH_ALIGNMENT.CENTER
run = paragraph2.add_run("")
run.add_picture('客戶滿意度分析.png', width=Inches(4.5))

styles = document.styles.element.xpath('.//w:style[@w:type="character"]/
@w:styleId')
paragraph4 = document.add_paragraph('從圖形可以看出：')
paragraph4.add_run('客戶滿意率基本都在 90%～95%，其中廬江店的客戶滿意率最高，超過了
96%，楊店店的客戶滿意率最低，不到 90%。', 'Subtitle Char')

document.save('銷售部 10 月銷售考核 3.docx')
```

在 JupyterLab 中執行上述程式碼，生成如圖 9-9 所示的客戶消費分析報告。

圖 9-9　客戶消費分析報告

9.4　企業營運月報 Word 版案例完整程式碼

為了更好地説明讀者理解文書自動化處理的過程，我們把上述的程式碼進行了匯總，以便讀者在工作中參考使用，完整的程式碼如下所示：

```python
from docx.shared import Inches
from docx.enum.text import WD_PARAGRAPH_ALIGNMENT
from docx import Document
document = Document()

document.add_heading('企業營運月報', 0)

#門市分店營運分析
document.add_heading('1 門市分店營運分析')
document.add_heading('1.1 門市分店銷售額分析', level=2)

paragraph1 = document.add_paragraph('銷售額是衡量門市分店營運的一項重要指標，對其做好分析工作，有助於優化整體營運節奏，2020 年 10 月各門市分店的銷售額存在較大的差異，如下圖所示。')

paragraph2 = document.add_paragraph()
paragraph2.alignment = WD_PARAGRAPH_ALIGNMENT.CENTER
run = paragraph2.add_run("")
run.add_picture('門市分店銷售額分析.png', width=Inches(4.5))

styles = document.styles.element.xpath('.//w:style[@w:type="character"]/@w:styleId')
paragraph4 = document.add_paragraph('從圖形可以看出：')
```

```
paragraph4.add_run('眾興店的銷售額最多，超過了 8 萬元，其次是臨泉店，燎原店的銷售額最
少，不到 3 萬元。', 'Subtitle Char')

document.add_heading('1.2 門市分店利潤額分析', level=2)

paragraph1 = document.add_paragraph('利潤額是門市分店營運的最終目標，對其進行分析可
以為後續的營運提供參考，從而提升門市分店盈利能力，2020 年 10 月各門市分店的利潤額變化
較大，如下圖所示。')

paragraph2 = document.add_paragraph()
paragraph2.alignment = WD_PARAGRAPH_ALIGNMENT.CENTER
run = paragraph2.add_run("")
run.add_picture('門市分店利潤額分析.png', width=Inches(4.5))

styles = document.styles.element.xpath('.//w:style[@w:type="character"]/
@w:styleId')
paragraph4 = document.add_paragraph('從圖形可以看出：')
paragraph4.add_run('門市分店利潤額基本都在 9 千元以下，而且利潤額與銷售額的關係不是很
明顯，即銷售額大，利潤額不一定很多。', 'Subtitle Char')

#地區銷售分析
document.add_heading('2 地區銷售分析')
document.add_heading('2.1 地區銷售額分析', level=2)

paragraph1 = document.add_paragraph('由於各個地區地理、文化、政治、語言和風俗不同，
從而導致消費者的購買偏好有所不同，2020 年 10 月各門市分店的銷售額存在較大的差異，如下
圖所示。')

paragraph2 = document.add_paragraph()
paragraph2.alignment = WD_PARAGRAPH_ALIGNMENT.CENTER
run = paragraph2.add_run("")
run.add_picture('地區銷售額分析.png', width=Inches(4.5))

styles = document.styles.element.xpath('.//w:style[@w:type="character"]/
@w:styleId')
paragraph4 = document.add_paragraph('從圖形可以看出：')
paragraph4.add_run('華東地區的銷售額最大，達到了 14.39 萬元，其次是中南地區，超過了 14
萬元，西北地方的銷售額最少。', 'Subtitle Char')

document.add_heading('2.2 地區銷售量分析', level=2)

paragraph1 = document.add_paragraph('銷售量是指消費者或用戶在一定時期內購買某種商品
的次數，它是衡量客戶購買行為的一項重要指標，2020 年 10 月各門市分店的銷售量波動較大，
如下圖所示。')

paragraph2 = document.add_paragraph()
paragraph2.alignment = WD_PARAGRAPH_ALIGNMENT.CENTER
run = paragraph2.add_run("")
run.add_picture('地區銷售量分析.png', width=Inches(4.5))

styles = document.styles.element.xpath('.//w:style[@w:type="character"]/@w:styleId')
paragraph4 = document.add_paragraph('從圖形可以看出：')
paragraph4.add_run('華東地區的銷售量最多，超過了 120 單，其次是中南地區，超過了 100
單，西北地方的銷售量最少。', 'Subtitle Char')
```

```
#客戶消費分析
document.add_heading('3 客戶消費分析')
document.add_heading('3.1 客戶利潤額分析', level=2)

paragraph1 = document.add_paragraph('利潤是企業在一定會計期間的經營成果，2020 年 10 月
不同類型的客戶對企業利潤額的貢獻是不同的，如下圖所示。')

paragraph2 = document.add_paragraph()
paragraph2.alignment = WD_PARAGRAPH_ALIGNMENT.CENTER
run = paragraph2.add_run("")
run.add_picture('客戶購買金額分析.png', width=Inches(4.5))

styles = document.styles.element.xpath('.//w:style[@w:type="character"]/
@w:styleId')
paragraph4 = document.add_paragraph('從圖形可以看出：')
paragraph4.add_run('企業的主要利潤來源於普通的消費者，已經超過了 50%，公司和小型企業
的消費者約各占 24%。', 'Subtitle Char')

document.add_heading('3.2 客戶滿意度分析', level=2)

paragraph1 = document.add_paragraph('客戶滿意度是客戶期望值與客戶體驗的匹配程度，
2020 年 10 月各門市分店的客戶滿意度存在較大的波動性，如下圖所示。')

paragraph2 = document.add_paragraph()
paragraph2.alignment = WD_PARAGRAPH_ALIGNMENT.CENTER
run = paragraph2.add_run("")
run.add_picture('客戶滿意度分析.png', width=Inches(4.5))

styles = document.styles.element.xpath('.//w:style[@w:type="character"]/
@w:styleId')
paragraph4 = document.add_paragraph('從圖形可以看出：')
paragraph4.add_run('客戶滿意率基本都在 90%～95%，其中廬江店的客戶滿意率最高，超過了
96%，楊店店的客戶滿意率最低，不到 90%。', 'Subtitle Char')

document.save('銷售部 10 月銷售考核.docx')
```

執行上述案例程式，在目錄下將會生成「銷售部 10 月銷售考核.docx」檔案。

9.5　上機實作題

練習：利用本章中的資料，使用 Python 來製作企業客戶支付方式的月度分析報告 Word 文件。

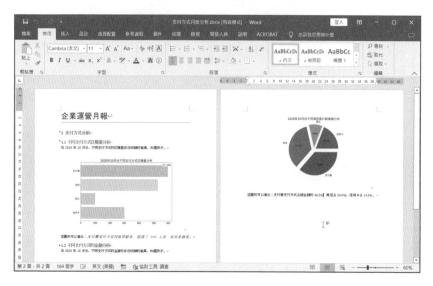

提示：

請參考下載之本書隨附相關檔案中 ch09 目錄內的「09-上機實作題.ipynb」參考答案。

第 4 篇
簡報投影片自動化製作篇

第 10 章
簡報投影片自動化製作

在日常辦公中，製作投影片是每個人都會遇到的任務，尤其是一些大型公司非常重視資料分析，有日報、週報、月報、季報等彙報，而且要以簡報投影片 PPT 的形式提交。

對於我們來說，如何在最短的時間內製作出美觀的簡報投影片是個難題，用程式來輔助算是一種不錯的捷徑。本章將初步介紹利用 Python-pptx 程式庫自動化製作簡報 PPT 投影片。

10.1 應用場景及環境搭建

10.1.1 簡報投影片自動化應用場景

不管你是從事銷售工作，還是在管理職或支援性部門工作，在製作專案計畫、述職報告、產品介紹、會議總結時，總需要和簡報投影片打交道。投影片作為一種簡報工具，形象生動、簡潔，易於讓人理解和接受。

投影片的主要功能大致分為兩種：一種以做報告為目的，如專案進展通告、調查結果彙報、工作總結等；另一種以提建議為目的，如方案、計畫等，這就需要使用大量資訊，並利用投影片來簡報自己的思維，說服和打動上級管理者或客戶。

許多資料分析師不擅長用 PowerPoint 製作投影片，但我們可以利用 Python 快速實現投影片的製作，從而避免重複性的操作，並提高工作效率。

10.1.2 簡報投影片自動化環境搭建

1. 安裝 Microsoft Office

與 Python-docx 程式庫類似，Python-pptx 程式庫也不支援 Word 2003 及其以下版本，因此我們需要安裝 Microsoft Office 2007 及其以上的版本。

2. 安裝 Python-pptx 程式庫

Python-pptx 是用於建立和更新簡報檔的 Python 程式庫，通常用於從資料直接生成定制的 PowerPoint 簡報檔，還可以用於對簡報檔案進行批次更新。

Python-pptx 程式庫依賴於 lxml 程式庫，且 lxml 程式庫需要高於 3.1.0 版本。安裝過程比較簡單，首先打開命令提示字元視窗，然後輸入「pip install python-pptx」命令，再按「Enter」鍵即可。當命令提示視窗中出現「Successfully installed python-pptx-0.6.18」時表示安裝成功，如圖 10-1 所示。

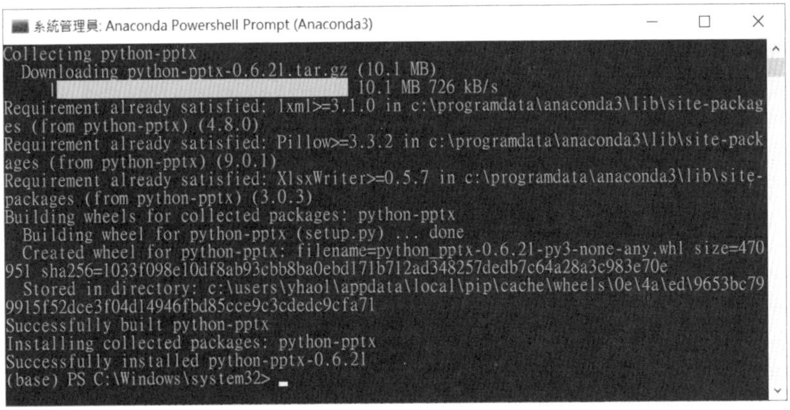

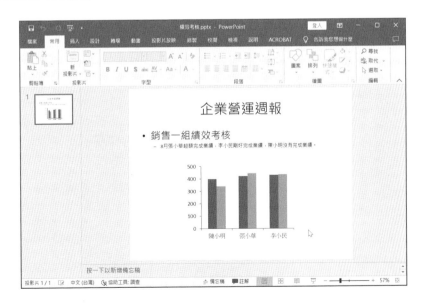

圖 10-1　Python-pptx 程式庫安裝成功時的資訊顯示

10.2　Python-pptx 程式庫案例簡報

為了使讀者更好地理解投影片自動化的製作，以及使用 Python-pptx 程式庫進行投影片製作，下面透過建立一個簡單的企業營運週報的投影片，簡報其生成的過程，效果如圖 10-2 所示。需要說明的是，在這一過程中，我們沒有在 PowerPoint 的環境中進行任何操作，只是打開了程式並執行，最後會自動生成 PowerPoint 簡報檔。

圖 10-2　企業營運週報案例成果

10.2.1　presentation() 函數：打開簡報檔

如果在不指定打開簡報檔的情況下，想要開啟新的簡報檔的程式碼如下所示：

```python
from pptx import Presentation
prs = Presentation()
prs.save('打開空白投影片.pptx')
```

也可以打開現有的簡報檔，程式碼如下所示：

```python
from pptx import Presentation
prs = Presentation('銷售一組績效考核.pptx')
prs.save('打開現有投影片.pptx')
```

10.2.2　add_slide() 函數：新增投影片

打開簡報檔後，就需要新增合適的投影片樣式，在 Python-pptx 程式庫中，可以透過設定 SLD_LAYOUT_TITLE_AND_CONTENT 參數選擇投影片的樣式，參數的數值與在 PowerPoint 中新建投影片的樣式依次對應，如圖 10-3 所示。

圖 10-3　投影片樣式

例如，這裡選擇「兩個內容」投影片樣式，程式碼如下所示：

```python
from pptx import Presentation
SLD_LAYOUT_TITLE_AND_CONTENT = 3
prs = Presentation()
slide_layout = prs.slide_layouts[SLD_LAYOUT_TITLE_AND_CONTENT]
slide = prs.slides.add_slide(slide_layout)
prs.save('新增投影片.pptx')
```

執行上述程式碼，打開生成的檔案，新增投影片效果如圖 10-4 所示。

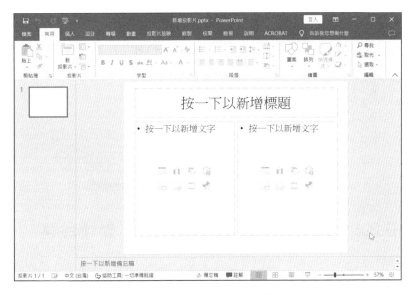

圖 10-4　新增投影片效果

10.2.3　title_shape() 函數：新增主標題和副標題

選擇「標題和內容」投影片樣式，新增主標題和副標題，程式碼如下所示：

```python
from pptx import Presentation
prs = Presentation()

slide = prs.slides.add_slide(prs.slide_layouts[1])
title_shape = slide.shapes.title              #取出本頁投影片的標題
title_shape.text = '企業營運週報'             #在標題文字方塊中輸入文字
subtitle = slide.shapes.placeholders[1]       #取出本頁第 2 個文字方塊
subtitle.text = '銷售一組績效考核'           #在第 2 個文字方塊中輸入文字

prs.save('新增主標題和副標題.pptx')
```

執行上述的程式碼之後，打開生成的簡報檔，新增主標題和副標題的成果如圖
10-5 所示。

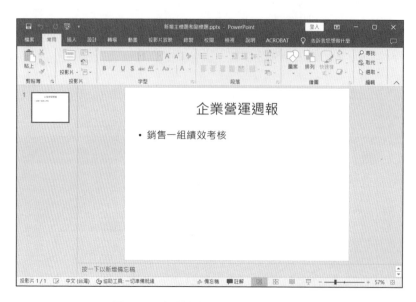

圖 10-5　新增主標題和副標題的效果

10.2.4　add_paragraph() 函數：新增段落

使用 add_paragraph() 函數可以在文字方塊架中新增新段落，並設定文字大小
等，程式碼如下所示：

```python
from pptx import Presentation
from pptx.util import Pt

prs = Presentation()
slide = prs.slides.add_slide(prs.slide_layouts[1])
body_shape = slide.shapes.placeholders

new_paragraph = body_shape[1].text_frame.add_paragraph()
new_paragraph.text = '8 月張小華超額完成業績，李小民剛好完成業績，陳小明沒有完成業
績。'
new_paragraph.font.size = Pt(20)

prs.save('新增段落.pptx')
```

執行上述程式碼，打開生成的簡報檔，新增段落效果如圖 10-6 所示。

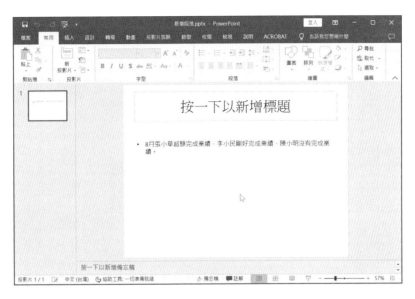

圖 10-6　新增段落效果

10.2.5　add_chart() 函數：插入圖表

使用 add_chart() 函數，可以在投影片中自動插入圖表，程式碼如下所示：

```python
from pptx import Presentation
from pptx.chart.data import CategoryChartData
from pptx.enum.chart import XL_CHART_TYPE
from pptx.util import Inches

prs = Presentation()
slide = prs.slides.add_slide(prs.slide_layouts[5])

chart_data = CategoryChartData()
chart_data.categories = ['陳小明', '張小華', '李小民']
chart_data.add_series('Series 1', (399, 422, 431))
chart_data.add_series('Series 2', (341, 445, 436))

left, top, width, height = Inches(2.5), Inches(2.5), Inches(5), Inches(3.5)
chart = slide.shapes.add_chart(
    XL_CHART_TYPE.COLUMN_CLUSTERED, left, top, width, height, chart_data).chart
chart.chart_style = 4
value_axis = chart.value_axis
value_axis.has_major_gridlines = False

prs.save('插入圖表.pptx')
```

執行上述程式碼，打開生成的簡執檔，插入圖表的成果如圖 10-7 所示。

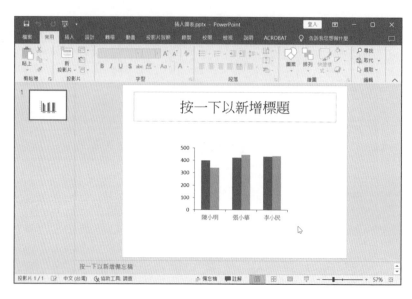

圖 10-7　插入圖表的成果

10.3　案例簡報製作的完整程式碼

為了更好地說明讀者理解投影片自動化製作的過程，我們把上述的程式碼進行了匯總，以便讀者在工作中參考使用，完整的程式碼如下所示：

```python
from pptx import Presentation
from pptx.chart.data import CategoryChartData
from pptx.enum.chart import XL_CHART_TYPE
from pptx.util import Inches
from pptx.util import Pt

prs = Presentation()
slide = prs.slides.add_slide(prs.slide_layouts[1])
title_shape = slide.shapes.title
title_shape.text = '企業營運週報'
subtitle = slide.shapes.placeholders[1]
subtitle.text = '銷售一組績效考核'

body_shape = slide.shapes.placeholders
new_paragraph = body_shape[1].text_frame.add_paragraph()
new_paragraph.text = '8月張小華超額完成業績，李小民剛好完成業績，陳小明沒有完成業績。'
new_paragraph.font.bold = False
new_paragraph.font.italic = False
new_paragraph.font.size = Pt(16)
new_paragraph.font.underline = False
new_paragraph.level = 1
```

```
chart_data = CategoryChartData()
chart_data.categories = ['陳小明', '張小華', '李小民']
chart_data.add_series('Series 1', (399, 422, 431))
chart_data.add_series('Series 2', (341, 445, 436))

left, top, width, height = Inches(2.5), Inches(3.2), Inches(5), Inches(3.5)
chart = slide.shapes.add_chart(
    XL_CHART_TYPE.COLUMN_CLUSTERED, left, top, width, height, chart_data).chart
chart.chart_style = 4
value_axis = chart.value_axis
value_axis.has_major_gridlines = False

prs.save('績效考核.pptx')
```

執行上述的案例程式，在目錄下就會生成「績效考核.pptx」檔，打開這個簡報檔之後的成果如圖 10-2 所示。

10.4　上機實作題

練習：使用 Python-pptx 程式庫製作個人月度消費情況的投影片，包括衣、食、住、行等方面的消費支出。如下圖所示。

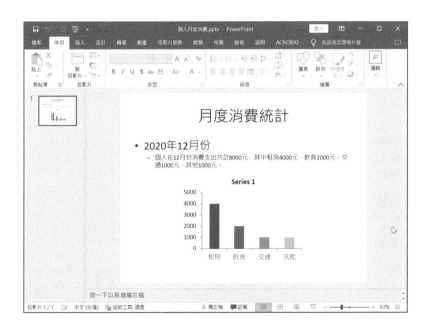

提示：

本題所需的圖表檔放在下載之本書隨附相關檔案中 ch10 目錄內，其實作的參考答案完整程式碼則放在「10-上機實作題.ipynb」檔案內。

第 11 章
利用 Python 進行簡報自動化製作

如何快速高效地製作簡報，可能是我們在辦公過程中遇到的問題，尤其是當需要製作週期重複性的簡報投影片時，盲目製作雖然可以完成任務，但是增加了時間成本和人力成本。

本章將詳細介紹如何利用 Python-pptx 程式庫自動化製作簡報的文字、圖表、表格和圖案等內容。

11.1 自動化製作文字

11.1.1 新增普通文字

使用 Python-pptx 程式庫,可以向簡報中新增普通文字,程式碼如下所示:

```python
from pptx import Presentation
from pptx.util import Inches, Pt

prs = Presentation()
blank_slide_layout = prs.slide_layouts[6]
slide = prs.slides.add_slide(blank_slide_layout)

left = top = Inches(1)
width = height = Inches(2)
tb = slide.shapes.add_textbox(left, top, width, height)
tf = tb.text_frame
tf.text = "新增普通字型文字"

prs.save('新增文字 1.pptx')
```

執行上述程式碼,新增普通文字的成果如圖 11-1 所示。

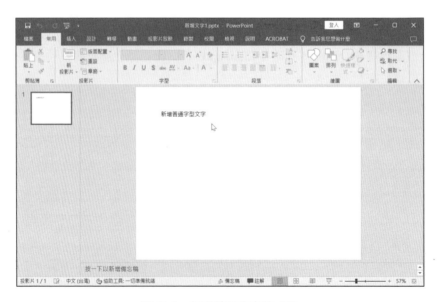

圖 11-1 新增普通文字的成果

11.1.2　設定文字加粗

使用 Python-pptx 程式庫，可以設定文字加粗，程式碼如下所示：

```
from pptx import Presentation
from pptx.util import Inches, Pt

prs = Presentation()
blank_slide_layout = prs.slide_layouts[6]
slide = prs.slides.add_slide(blank_slide_layout)

left = top = Inches(1)
width = height = Inches(2)
tb = slide.shapes.add_textbox(left, top, width, height)
tf = tb.text_frame
tf.text = "新增普通字型文字"

p = tf.add_paragraph()
p.text = "新增加粗字型文字"
p.font.bold = True

prs.save('新增文字2.pptx')
```

執行上述程式碼，設定文字加粗的成果如圖 11-2 所示。

圖 11-2　設定文字加粗的成果

11.1.3 設定文字字型大小

使用 Python-pptx 程式庫，可以設定文字字型大小，程式碼如下所示：

```python
from pptx import Presentation
from pptx.util import Inches, Pt

prs = Presentation()
blank_slide_layout = prs.slide_layouts[6]
slide = prs.slides.add_slide(blank_slide_layout)

left = top = Inches(1)
width = height = Inches(2)
tb = slide.shapes.add_textbox(left, top, width, height)
tf = tb.text_frame
tf.text = "新增普通字型文字"

p = tf.add_paragraph()
p.text = "新增加粗字型文字"
p.font.bold = True

p = tf.add_paragraph()
p.text = "新增較大字型文字"
p.font.size = Pt(40)

prs.save('新增文字 3.pptx')
```

執行上述程式碼，設定文字字型大小的成果如圖 11-3 所示。

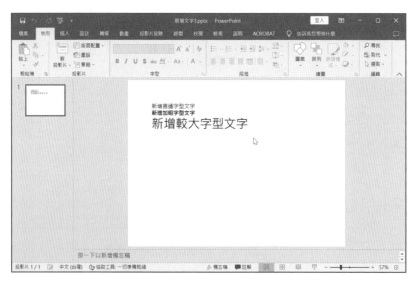

圖 11-3　設定文字字型大小的成果

11.1.4　設定文字變斜體

使用 Python-pptx 程式庫，可以設定文字變斜體，程式碼如下所示：

```python
from pptx import Presentation
from pptx.util import Inches, Pt

prs = Presentation()
blank_slide_layout = prs.slide_layouts[6]
slide = prs.slides.add_slide(blank_slide_layout)

left = top = Inches(1)
width = height = Inches(2)
tb = slide.shapes.add_textbox(left, top, width, height)
tf = tb.text_frame
tf.text = "新增普通字型文字"

p = tf.add_paragraph()
p.text = "新增加粗字型文字"
p.font.bold = True

p = tf.add_paragraph()
p.text = "新增較大字型文字"
p.font.size = Pt(40)

p = tf.add_paragraph()
p.text = "新增變斜體文字"
p.font.italic = True

prs.save('新增文字 4.pptx')
```

執行上述程式碼，設定文字變斜體的成果如圖 11-4 所示。

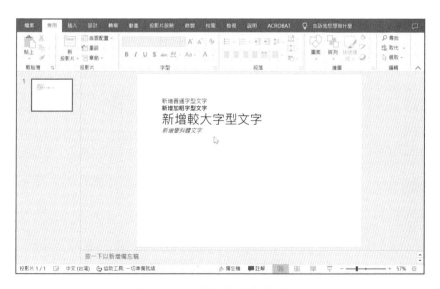

圖 11-4　設定文字變斜體的成果

11.1.5　設定文字底線

使用 Python-pptx 程式庫，可以設定文字底線，程式碼如下所示：

```python
from pptx import Presentation
from pptx.util import Inches, Pt

prs = Presentation()
blank_slide_layout = prs.slide_layouts[6]
slide = prs.slides.add_slide(blank_slide_layout)

left = top = Inches(1)
width = height = Inches(2)
tb = slide.shapes.add_textbox(left, top, width, height)
tf = tb.text_frame
tf.text = "新增普通字型文字"

p = tf.add_paragraph()
p.text = "新增加粗字型文字"
p.font.bold = True

p = tf.add_paragraph()
p.text = "新增較大字型文字"
p.font.size = Pt(40)

p = tf.add_paragraph()
p.text = "新增變斜體文字"
p.font.italic = True

p = tf.add_paragraph()
p.text = "新增加底線字型文字"
p.font.underline = True

prs.save('新增文字 5.pptx')
```

執行上述程式碼，設定文字底線的成果如圖 11-5 所示。

圖 11-5　設定文字底線的成果

11.1.6　設定文字色彩

使用 Python-pptx 程式庫，可以設定文字色彩，程式碼如下所示：

```python
from pptx import Presentation
from pptx.util import Inches, Pt
from pptx.enum.dml import MSO_THEME_COLOR
from pptx.dml.color import RGBColor

prs = Presentation()
blank_slide_layout = prs.slide_layouts[6]
slide = prs.slides.add_slide(blank_slide_layout)

left = top = Inches(1)
width = height = Inches(2)
tb = slide.shapes.add_textbox(left, top, width, height)
tf = tb.text_frame
tf.text = "新增普通字型文字"

p = tf.add_paragraph()
p.text = "新增加粗字型文字"
p.font.bold = True

p = tf.add_paragraph()
p.text = "新增較大字型文字"
p.font.size = Pt(40)

p = tf.add_paragraph()
p.text = "新增變斜體文字"
p.font.italic = True

p = tf.add_paragraph()
p.text = "新增加底線字型文字"
p.font.underline = True

p = tf.add_paragraph()
p.text = "新增色彩字型文字"
p.font.color.theme_color = MSO_THEME_COLOR.ACCENT_3

p = tf.add_paragraph()
p.text = "新增色彩字型文字"
p.font.color.rgb = RGBColor(0xFF, 0x7F, 0x50)

prs.save('新增文字 6.pptx')
```

執行上述程式碼，設定文字色彩的成果如圖 11-6 所示。

圖 11-6　設定文字色彩的成果

11.2　自動化製作圖表

11.2.1　新增簡單圖表

使用 Python-pptx 程式庫，可以向簡報中新增簡單圖表，程式碼如下所示：

```python
from pptx import Presentation
from pptx.chart.data import CategoryChartData
from pptx.enum.chart import XL_CHART_TYPE
from pptx.util import Inches
from pptx.util import Pt

#使用簡報建立簡報
prs = Presentation()
slide = prs.slides.add_slide(prs.slide_layouts[6])

#定義圖表資料
chart_data = CategoryChartData()
chart_data.categories = ['第一季度', '第二季度', '第三季度']
chart_data.add_series('銷售額', (218.91, 225.65, 210.13))

#為簡報新增圖表
left, top, width, height = Inches(2), Inches(1.5), Inches(6), Inches(4.5)
graphic_frame = slide.shapes.add_chart(
    XL_CHART_TYPE.COLUMN_CLUSTERED, left, top, width, height, chart_data)

#為圖表新增標題
chart = graphic_frame.chart                        #從建立的圖表中取出圖表類別
chart.chart_style = 4                              #設定圖表整體色彩風格
chart.has_title = True                             #設定圖表是否含有標題，預設值為 False
chart.chart_title.text_frame.clear()               #清除原標題
value_axis = chart.value_axis                      #value_axis 為 chart 的 value 控制類
value_axis.has_major_gridlines = False             #是否顯示縱軸線
new_paragraph = chart.chart_title.text_frame.add_paragraph()    #新增新標題
```

```
new_paragraph.text = '2020 年前三季度商品銷售額分析'      #設定新標題
new_paragraph.font.size = Pt(15)              #設定新標題字型大小

prs.save('新增圖表 1.pptx')
```

執行上述程式碼，新增簡單圖表的成果如圖 11-7 所示。

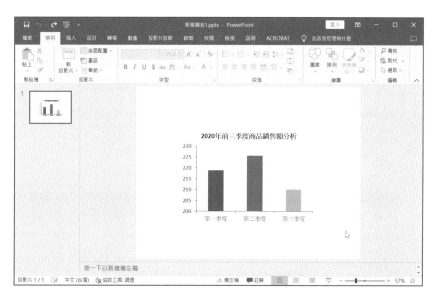

圖 11-7　新增簡單圖表的成果

11.2.2　新增複雜圖表

使用 Python-pptx 程式庫，可以向簡報中新增複雜圖表，程式碼如下所示：

```python
from pptx import Presentation
from pptx.chart.data import CategoryChartData
from pptx.enum.chart import XL_CHART_TYPE
from pptx.util import Inches
from pptx.util import Pt

#使用簡報建立簡報
prs = Presentation()
slide = prs.slides.add_slide(prs.slide_layouts[6])

#定義圖表資料
chart_data = CategoryChartData()
chart_data.categories = ['第一季度', '第二季度', '第三季度']
chart_data.add_series('東京', (19.2, 21.4, 16.7))
chart_data.add_series('首爾', (22.3, 28.6, 15.2))
chart_data.add_series('河內', (20.4, 26.3, 14.2))
```

```
#為簡報新增圖表
left, top, width, height = Inches(2), Inches(1.5), Inches(6), Inches(4.5)
graphic_frame = slide.shapes.add_chart(
    XL_CHART_TYPE.COLUMN_CLUSTERED, left, top, width, height, chart_data)

#為圖表新增標題
chart = graphic_frame.chart                  #從建立的圖表中取出圖表類別
chart.chart_style = 4                        #設定圖表整體色彩風格
chart.has_title = True                       #設定圖表是否含有標題，預設值為 False
chart.chart_title.text_frame.clear()         #清除原標題
value_axis = chart.value_axis                #value_axis 為 chart 的 value 控制類
value_axis.has_major_gridlines = False       #是否顯示縱軸線
new_paragraph = chart.chart_title.text_frame.add_paragraph()   #新增新標題
new_paragraph.text = '2020 年前三季度商品銷售額分析'            #設定新標題
new_paragraph.font.size = Pt(15)             #設定新標題字型大小

prs.save('新增圖表2.pptx')
```

執行上述程式碼，新增複雜圖表的成果如圖 11-8 所示。

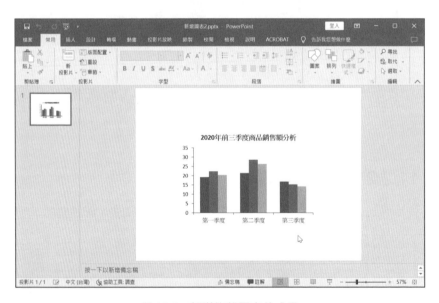

圖 11-8　新增複雜圖表的成果

11.2.3　新增圖表圖例

使用 Python-pptx 程式庫，可以在簡報的圖表新增圖例，程式碼如下所示：

```
from pptx import Presentation
from pptx.chart.data import CategoryChartData
from pptx.enum.chart import XL_CHART_TYPE
```

```
from pptx.enum.chart import XL_LEGEND_POSITION
from pptx.util import Inches
from pptx.util import Pt

#使用簡報建立簡報
prs = Presentation()
slide = prs.slides.add_slide(prs.slide_layouts[6])

#定義圖表資料
chart_data = CategoryChartData()
chart_data.categories = ['第一季度', '第二季度', '第三季度']
chart_data.add_series('東京', (19.2, 21.4, 16.7))
chart_data.add_series('首爾', (22.3, 28.6, 15.2))
chart_data.add_series('河內', (20.4, 26.3, 14.2))

#為簡報新增圖表
left, top, width, height = Inches(2), Inches(1.5), Inches(6), Inches(4.5)
graphic_frame = slide.shapes.add_chart(
    XL_CHART_TYPE.COLUMN_CLUSTERED, left, top, width, height, chart_data)

#為圖表新增標題
chart = graphic_frame.chart                      #從建立的圖表中取出圖表類別
chart.chart_style = 4                            #設定圖表整體色彩風格
chart.has_title = True                           #設定圖表是否含有標題，預設值為 False
chart.chart_title.text_frame.clear()             #清除原標題
value_axis = chart.value_axis                    #value_axis 為 chart 的 value 控制類
value_axis.has_major_gridlines = False           #是否顯示縱軸線
new_paragraph = chart.chart_title.text_frame.add_paragraph()   #新增新標題
new_paragraph.text = '2020 年前三季度商品銷售額分析'            #設定新標題
new_paragraph.font.size = Pt(15)                 #設定新標題字型大小

#新增圖例
chart.has_legend = True                          #圖表是否含有圖例，預設值為 False
chart.legend.position = XL_LEGEND_POSITION.TOP              #設定圖例位置

prs.save('新增圖表 3.pptx')
```

執行上述程式碼，新增圖表圖例的成果如圖 11-9 所示。

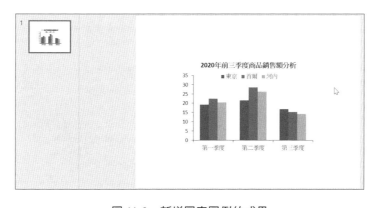

圖 11-9　新增圖表圖例的成果

11.2.4 新增資料標籤

使用 Python-pptx 程式庫,可以為圖表新增資料標籤,程式碼如下所示:

```python
from pptx import Presentation
from pptx.chart.data import CategoryChartData
from pptx.enum.chart import XL_CHART_TYPE
from pptx.util import Inches
from pptx.enum.chart import XL_LEGEND_POSITION
from pptx.dml.color import RGBColor
from pptx.enum.chart import XL_LABEL_POSITION
from pptx.util import Pt

#使用簡報建立簡報
prs = Presentation()
slide = prs.slides.add_slide(prs.slide_layouts[6])

#定義圖表資料
chart_data = CategoryChartData()
chart_data.categories = ['第一季度', '第二季度', '第三季度']
chart_data.add_series('東京', (19.2, 21.4, 16.7))
chart_data.add_series('首爾', (22.3, 28.6, 15.2))
chart_data.add_series('河內', (20.4, 26.3, 14.2))

#為簡報新增圖表
left, top, width, height = Inches(2), Inches(1.5), Inches(6), Inches(4.5)
graphic_frame = slide.shapes.add_chart(
    XL_CHART_TYPE.COLUMN_CLUSTERED, left, top, width, height, chart_data)

#為圖表新增標題
chart = graphic_frame.chart                       #從建立的圖表中取出圖表類別
chart.chart_style = 4                             #設定圖表整體色彩風格
chart.has_title = True                            #設定圖表是否含有標題,預設值為 False
chart.chart_title.text_frame.clear()              #清除原標題
value_axis = chart.value_axis                     #value_axis 為 chart 的 value 控制類
value_axis.has_major_gridlines = False            #是否顯示縱軸線
new_paragraph = chart.chart_title.text_frame.add_paragraph()    #新增新標題
new_paragraph.text = '2020 年前三季度商品銷售額分析'           #設定新標題
new_paragraph.font.size = Pt(15)                  #設定新標題字型大小

#新增圖例
chart.has_legend = True                           #圖表是否含有圖例,預設值為 False
chart.legend.position = XL_LEGEND_POSITION.TOP    #設定圖例位置

#新增資料標籤
plot = chart.plots[0]                             #取圖表中第一個 plot
plot.has_data_labels = True                       #是否顯示資料標籤
data_labels = plot.data_labels                    #資料標籤控制類別
data_labels.font.size = Pt(13)                    #設定字型大小

prs.save('新增圖表 4.pptx')
```

執行上述程式碼，新增資料標籤的成果如圖 11-10 所示。

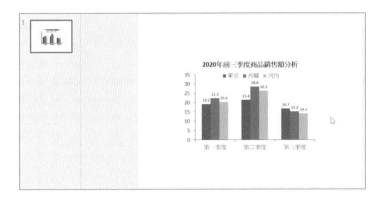

圖 11-10　新增資料標籤的成果

11.2.5　自訂資料標籤

使用 Python-pptx 程式庫，可以為圖表自訂資料標籤，程式碼如下所示：

```python
from pptx import Presentation
from pptx.chart.data import CategoryChartData
from pptx.enum.chart import XL_CHART_TYPE
from pptx.util import Inches
from pptx.enum.chart import XL_LEGEND_POSITION
from pptx.dml.color import RGBColor
from pptx.enum.chart import XL_LABEL_POSITION
from pptx.util import Pt

#使用簡報建立簡報
prs = Presentation()
slide = prs.slides.add_slide(prs.slide_layouts[6])

#定義圖表資料
chart_data = CategoryChartData()
chart_data.categories = ['第一季度', '第二季度', '第三季度']
chart_data.add_series('東京', (19.2, 21.4, 16.7))
chart_data.add_series('首爾', (22.3, 28.6, 15.2))
chart_data.add_series('河內', (20.4, 26.3, 14.2))

#為簡報新增圖表
left, top, width, height = Inches(2), Inches(1.5), Inches(6), Inches(4.5)
graphic_frame = slide.shapes.add_chart(
    XL_CHART_TYPE.COLUMN_CLUSTERED, left, top, width, height, chart_data)

#為圖表新增標題
chart = graphic_frame.chart          #從建立的圖表中取出圖表類別
chart.chart_style = 4                #設定圖表整體色彩風格
chart.has_title = True               #設定圖表是否含有標題，預設值為 False
```

```
chart.chart_title.text_frame.clear()              #清除原標題
value_axis = chart.value_axis                     #value_axis 為 chart 的 value 控制類別
value_axis.has_major_gridlines = False            #是否顯示縱軸線
new_paragraph = chart.chart_title.text_frame.add_paragraph()   #新增新標題
new_paragraph.text = '2020 年前三季度商品銷售額分析'              #設定新標題
new_paragraph.font.size = Pt(15)                  #設定新標題字型大小

#新增圖例
chart.has_legend = True                           #圖表是否含有圖例，預設值為 False
chart.legend.position = XL_LEGEND_POSITION.TOP            #設定圖例位置

#新增資料標籤
plot = chart.plots[0]                             #取圖表中第一個 plot
plot.has_data_labels = True                       #是否顯示資料標籤
data_labels = plot.data_labels                    #資料標籤控制類別
data_labels.font.size = Pt(13)                    #設定字型大小

#設定資料標籤色彩和位置
data_labels.font.color.rgb = RGBColor(0x0A, 0x42, 0x80)        #設定標籤色彩
data_labels.position = XL_LABEL_POSITION.CENTER               #設定標籤位置

prs.save('新增圖表 5.pptx')
```

執行上述程式碼，自訂資料標籤的成果如圖 11-11 所示。

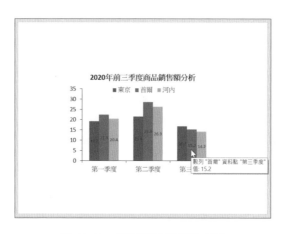

圖 11-11　自訂資料標籤的成果

11.2.6　新增複合圖表

使用 Python-pptx 程式庫，可以向簡報中新增複合圖表，程式碼如下所示：

```
from pptx import Presentation
from pptx.chart.data import ChartData
from pptx.enum.chart import XL_CHART_TYPE
```

```python
from pptx.util import Inches
from pptx.util import Pt
from pptx.dml.color import RGBColor
from pptx.enum.chart import XL_LABEL_POSITION
from pptx.enum.chart import XL_LEGEND_POSITION
from pptx.chart.data import BubbleChartData

prs = Presentation()
slide = prs.slides.add_slide(prs.slide_layouts[6])


#左上方直條圖
x, y, cx, cy = Inches(0.5), Inches(0.5), Inches(4.5), Inches(3.5)
chart_data = ChartData()
chart_data.categories = ['7 月訂單量', '8 月訂單量', '9 月訂單量']
chart_data.add_series('訂單量對比', (689,655,615))

graphic_frame = slide.shapes.add_chart(
    XL_CHART_TYPE.COLUMN_CLUSTERED, x, y, cx, cy, chart_data)

chart = graphic_frame.chart
chart.chart_style = 4
chart.has_title = True
chart.chart_title.text_frame.clear()

new_paragraph = chart.chart_title.text_frame.add_paragraph()
new_paragraph.text = '第三季度訂單量分析'
new_paragraph.font.size = Pt(13)

category_axis = chart.category_axis
category_axis.has_major_gridlines = False
value_axis = chart.value_axis
value_axis.has_major_gridlines = False
category_axis.tick_labels.font.italic = True
category_axis.tick_labels.font.size = Pt(13)
category_axis.tick_labels.font.color.rgb = RGBColor(255, 0, 0)

value_axis = chart.value_axis
value_axis.maximum_scale = 700.0
value_axis.minimum_scale = 600.0

tick_labels = value_axis.tick_labels
tick_labels.number_format = '0'
tick_labels.font.bold = True
tick_labels.font.size = Pt(13)
tick_labels.font.color.rgb = RGBColor(0, 255, 0)

plot = chart.plots[0]
plot.has_data_labels = True
data_labels = plot.data_labels
data_labels.font.size = Pt(13)
data_labels.font.color.rgb = RGBColor(0, 0, 255)
data_labels.position = XL_LABEL_POSITION.OUTSIDE_END
```

```python
#右上方折線圖
x, y, cx, cy = Inches(5.5), Inches(0.5), Inches(4), Inches(3)
chart_data = CategoryChartData()

chart_data.categories = ['7月', '8月', '9月']
chart_data.add_series('退單量', (32, 28, 34))

chart = slide.shapes.add_chart(
    XL_CHART_TYPE.LINE, x, y, cx, cy, chart_data
).chart

chart.has_legend = False
chart.has_title = True
chart.chart_title.text_frame.clear()
new_title = chart.chart_title.text_frame.add_paragraph()
new_title.text = '第三季度退單量分析'
new_title.font.size = Pt(13)


#左下方圓形圖
x, y, cx, cy = Inches(0.5), Inches(4), Inches(4), Inches(3)
chart_data = ChartData()
chart_data.categories = ['價格', '服務', '品質', '其他']
chart_data.add_series('退單原因分析', (0.29, 0.15, 0.35, 0.21))
chart = slide.shapes.add_chart(
  XL_CHART_TYPE.PIE, x, y, cx, cy, chart_data
).chart

chart.chart_style = 4
chart.has_legend = True
chart.legend.position = XL_LEGEND_POSITION.RIGHT

chart.plots[0].has_data_labels = True
data_labels = chart.plots[0].data_labels
data_labels.number_format = '0%'
data_labels.position = XL_LABEL_POSITION.OUTSIDE_END

chart.has_title = True
chart.chart_title.text_frame.clear()
new_paragraph = chart.chart_title.text_frame.add_paragraph()
new_paragraph.text = '第三季度退單原因分析'
new_paragraph.font.size = Pt(13)


#右下方氣泡圖
left, top, width, height = Inches(5.5), Inches(4), Inches(4), Inches(3)
chart_data = BubbleChartData()
series_1 = chart_data.add_series('訂單量與退單量')
series_1.add_data_point(689,32,4.64)
series_1.add_data_point(655,28,4.27)
series_1.add_data_point(615,34,5.53)

chart = slide.shapes.add_chart(
    XL_CHART_TYPE.BUBBLE, left, top, width, height, chart_data
).chart
```

```
chart.has_legend = False
chart.has_title = True
chart.chart_title.text_frame.clear()
new_paragraph = chart.chart_title.text_frame.add_paragraph()
new_paragraph.text = '訂單量與退單量散佈圖'
new_paragraph.font.size = Pt(13)

value_axis = chart.value_axis
value_axis.maximum_scale = 50.0
value_axis.minimum_scale = 0.0

prs.save('新增圖表6.pptx')
```

執行上述程式碼，新增複合圖表的成果如圖 11-12 所示。

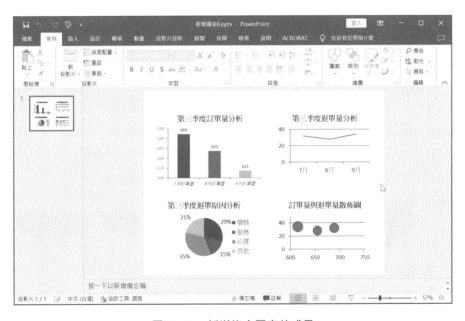

圖 11-12　新增複合圖表的成果

11.3　自動化製作表格

11.3.1　新增自訂表格

使用 Python-pptx 程式庫，可以向簡報中新增自訂表格，程式碼如下所示：

```python
from pptx import Presentation
from pptx.util import Pt,Cm
from pptx.dml.color import RGBColor
from pptx.enum.text import MSO_ANCHOR
from pptx.enum.text import PP_ALIGN

#獲取 slide 物件
prs = Presentation()
slide = prs.slides.add_slide(prs.slide_layouts[6])

#設定表格位置和大小
left, top, width, height = Cm(5.5), Cm(6), Cm(13.6), Cm(5)

#設定表格列數、欄數及其大小
shape = slide.shapes.add_table(6, 5, left, top, width, height)

prs.save('新增表格1.pptx')
```

執行上述程式碼，新增自訂表格的成果如圖 11-13 所示。

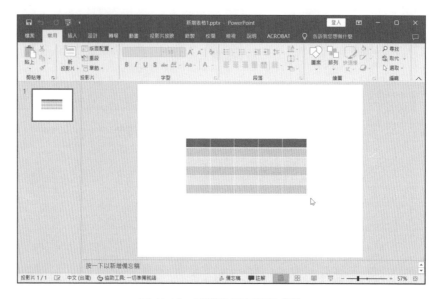

圖 11-13　新增自訂表格的成果

11.3.2　設定列高和欄寬

使用 Python-pptx 程式庫，可以對表格設定列高和欄寬，程式碼如下所示：

```python
from pptx import Presentation
from pptx.util import Pt,Cm
from pptx.dml.color import RGBColor
from pptx.enum.text import MSO_ANCHOR
from pptx.enum.text import PP_ALIGN

#獲取 slide 物件
prs = Presentation()
slide = prs.slides.add_slide(prs.slide_layouts[6])

#設定表格位置和大小
left, top, width, height = Cm(5), Cm(6), Cm(13.6), Cm(5)

#設定表格列數、欄數及其大小
shape = slide.shapes.add_table(6, 5, left, top, width, height)

#獲取 table 物件
table = shape.table

#設定列高和欄寬
table.rows[0].height = Cm(1)
table.columns[0].width = Cm(3)
table.columns[1].width = Cm(4.1)
table.columns[2].width = Cm(4.1)
table.columns[3].width = Cm(3.5)
table.columns[4].width = Cm(3.5)

prs.save('新增表格 2.pptx')
```

執行上述程式碼，設定列高和欄寬的成果如圖 11-14 所示。

圖 11-14　設定列高和欄寬的成果

11.3.3　合併表格首列

使用 Python-pptx 程式庫，可以合併表格首列，程式碼如下所示：

```
from pptx import Presentation
from pptx.util import Pt,Cm
from pptx.dml.color import RGBColor
from pptx.enum.text import MSO_ANCHOR
from pptx.enum.text import PP_ALIGN

#獲取 slide 物件
prs = Presentation()
slide = prs.slides.add_slide(prs.slide_layouts[6])

#設定表格位置和大小
left, top, width, height = Cm(5), Cm(6), Cm(13.6), Cm(5)

#設定表格列數、欄數及其大小
shape = slide.shapes.add_table(6, 5, left, top, width, height)

#獲取 table 物件
table = shape.table

#設定列高和欄寬
table.rows[0].height = Cm(1)
table.columns[0].width = Cm(3)
table.columns[1].width = Cm(4.1)
table.columns[2].width = Cm(4.1)
table.columns[3].width = Cm(3.5)
table.columns[4].width = Cm(3.5)

#合併表格首列
table.cell(0, 0).merge(table.cell(0, 4))

prs.save('新增表格 3.pptx')
```

執行上述程式碼，合併表格首列的成果如圖 11-15 所示。

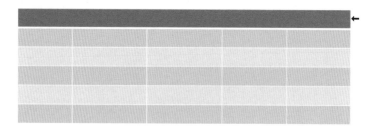

圖 11-15　合併表格首列的成果

11.3.4　設定表格標題

使用 Python-pptx 程式庫，可以設定表格標題，程式碼如下所示：

```python
from pptx import Presentation
from pptx.util import Pt,Cm
from pptx.dml.color import RGBColor
from pptx.enum.text import MSO_ANCHOR
from pptx.enum.text import PP_ALIGN

#獲取 slide 物件
prs = Presentation()
slide = prs.slides.add_slide(prs.slide_layouts[6])

#設定表格位置和大小
left, top, width, height = Cm(5), Cm(6), Cm(13.6), Cm(5)

#設定表格列數、欄數及其大小
shape = slide.shapes.add_table(6, 5, left, top, width, height)

#獲取 table 物件
table = shape.table

#設定列高和欄寬
table.rows[0].height = Cm(1)
table.columns[0].width = Cm(3)
table.columns[1].width = Cm(4.1)
table.columns[2].width = Cm(4.1)
table.columns[3].width = Cm(3.5)
table.columns[4].width = Cm(3.5)

#合併表格首列
table.cell(0, 0).merge(table.cell(0, 4))

#設定表格標題
table.cell(0, 0).text = "企業營運分析"
table.cell(1, 0).text = "日期"
table.cell(1, 1).text = "銷售額(萬元)"
table.cell(1, 2).text = "利潤額(萬元)"
table.cell(1, 3).text = "訂單量(個)"
table.cell(1, 4).text = "退單量(個)"

prs.save('新增表格 4.pptx')
```

執行上述程式碼，設定表格標題的成果如圖 11-16 所示。

<table>
<tr><td colspan="5">企業營運分析</td></tr>
<tr><td>日期</td><td>銷售額(萬元)</td><td>利潤額(萬元)</td><td>訂單量(個)</td><td>退單量(個)</td></tr>
<tr><td></td><td></td><td></td><td></td><td></td></tr>
<tr><td></td><td></td><td></td><td></td><td></td></tr>
<tr><td></td><td></td><td></td><td></td><td></td></tr>
<tr><td></td><td></td><td></td><td></td><td></td></tr>
</table>

圖 11-16　設定表格標題的成果

11.3.5　新增變數資料

使用 Python-pptx 程式庫，可以為表格新增變數資料，程式碼如下所示：

```
#新增變數資料
from pptx import Presentation
from pptx.util import Pt,Cm
from pptx.dml.color import RGBColor
from pptx.enum.text import MSO_ANCHOR
from pptx.enum.text import PP_ALIGN

#獲取 slide 物件
prs = Presentation()
slide = prs.slides.add_slide(prs.slide_layouts[6])

#設定表格位置和大小
left, top, width, height = Cm(5), Cm(6), Cm(13.6), Cm(5)

#設定表格列數、欄數及其大小
shape = slide.shapes.add_table(6, 5, left, top, width, height)

#獲取 table 物件
table = shape.table

#設定表格標題
table.cell(0, 0).text = "企業營運分析"
table.cell(1, 0).text = "日期"
table.cell(1, 1).text = "銷售額(萬元)"
table.cell(1, 2).text = "利潤額(萬元)"
table.cell(1, 3).text = "訂單量(個)"
table.cell(1, 4).text = "退單量(個)"

#輸入變數資料
content_arr = [["第一季度", "218.91", "10.33", "1989", "89"],
               ["第二季度", "225.65", "10.19", "1928", "91"],
               ["第三季度", "210.13", "10.26", "1959", "94"],
               ["第四季度", "228.08", "11.52", "2019", "95"]]
for rows in range(6):
    for cols in range(5):
```

```
            if rows >= 2:
                table.cell(rows, cols).text = content_arr[rows - 2][cols]
                table.cell(rows, cols).text_frame.paragraphs[0].font.size = Pt(13)
                table.cell(rows, cols).text_frame.paragraphs[0].font.color.rgb =
                    RGBColor(0, 0, 0)
                table.cell(rows, cols).text_frame.paragraphs[0].alignment =
                    PP_ALIGN.CENTER
                table.cell(rows, cols).vertical_anchor = MSO_ANCHOR.MIDDLE
                table.cell(rows, cols).fill.solid()
                table.cell(rows, cols).fill.fore_color.rgb = RGBColor(204, 217, 225)
            else:
                pass

prs.save('新增表格 5.pptx')
```

執行上述程式碼，新增變數資料的成果如圖 11-17 所示。

企業營運分析				
日期	銷售額(萬元)	利潤額(萬元)	訂單量(個)	退單量(個)
第一季度	218.91	10.33	1989	89
第二季度	225.65	10.19	1928	91
第三季度	210.13	10.26	1959	94
第四季度	228.08	11.52	2019	95

圖 11-17　新增變數資料的成果

11.3.6　修改表格樣式

使用 Python-pptx 程式庫，可以修改表格樣式，程式碼如下：

```
from pptx import Presentation
from pptx.util import Pt,Cm
from pptx.dml.color import RGBColor
from pptx.enum.text import MSO_ANCHOR
from pptx.enum.text import PP_ALIGN

#獲取 slide 物件
prs = Presentation()
slide = prs.slides.add_slide(prs.slide_layouts[6])

#設定表格位置和大小
left, top, width, height = Cm(5), Cm(6), Cm(13.6), Cm(5)

#設定表格列數、欄數及其大小
shape = slide.shapes.add_table(6, 5, left, top, width, height)

#獲取 table 物件
```

```
table = shape.table

#設定列高和欄寬
table.rows[0].height = Cm(1)
table.columns[0].width = Cm(3)
table.columns[1].width = Cm(3.1)
table.columns[2].width = Cm(3.1)
table.columns[3].width = Cm(3)
table.columns[4].width = Cm(3)

#合併表格首列
table.cell(0, 0).merge(table.cell(0, 4))

#設定表格標題
table.cell(0, 0).text = "企業營運分析"
table.cell(1, 0).text = "日期"
table.cell(1, 1).text = "銷售額(萬元)"
table.cell(1, 2).text = "利潤額(萬元)"
table.cell(1, 3).text = "訂單量(個)"
table.cell(1, 4).text = "退單量(個)"

#輸入變數資料
content_arr = [["第一季度", "218.91", "10.33", "1989", "89"],
               ["第二季度", "225.65", "10.19", "1928", "91"],
               ["第三季度", "210.13", "10.26", "1959", "94"],
               ["第四季度", "228.08", "11.52", "2019", "95"]]

#修改表格樣式
for rows in range(6):
    for cols in range(5):
        if rows == 0:
            #設定文字大小
            table.cell(rows, cols).text_frame.paragraphs[0].font.size = Pt(16)
            #設定文字色彩
            table.cell(rows, cols).text_frame.paragraphs[0].font.color.rgb =
                RGBColor(255, 255, 255)
            #設定文字左右對齊
            table.cell(rows, cols).text_frame.paragraphs[0].alignment =
                PP_ALIGN.CENTER
            #設定文字上下對齊
            table.cell(rows, cols).vertical_anchor = MSO_ANCHOR.MIDDLE
            table.cell(rows, cols).fill.solid()        #填滿背景
            #設定背景色彩
            table.cell(rows, cols).fill.fore_color.rgb = RGBColor(34, 134, 165)
        elif rows == 1:
            table.cell(rows, cols).text_frame.paragraphs[0].font.size = Pt(13)
            table.cell(rows, cols).text_frame.paragraphs[0].font.color.rgb =
                RGBColor(0, 0, 0)
            table.cell(rows, cols).text_frame.paragraphs[0].alignment =
                PP_ALIGN.CENTER
            table.cell(rows, cols).vertical_anchor = MSO_ANCHOR.MIDDLE
            table.cell(rows, cols).fill.solid()
            table.cell(rows, cols).fill.fore_color.rgb = RGBColor(204, 217, 225)
        else:
            table.cell(rows, cols).text = content_arr[rows - 2][cols]
```

```
        table.cell(rows, cols).text_frame.paragraphs[0].font.size = Pt(13)
        table.cell(rows, cols).text_frame.paragraphs[0].font.color.rgb =
            RGBColor(0, 0, 0)
        table.cell(rows, cols).text_frame.paragraphs[0].alignment =
            PP_ALIGN.CENTER
        table.cell(rows, cols).vertical_anchor = MSO_ANCHOR.MIDDLE
        table.cell(rows, cols).fill.solid()
        table.cell(rows, cols).fill.fore_color.rgb = RGBColor(204, 217, 225)

prs.save('新增表格 6.pptx')
```

執行上述程式碼，修改表格樣式的成果如圖 11-18 所示。

企業營運分析				
日期	銷售額(萬元)	利潤額(萬元)	訂單量(個)	退單量(個)
第一季度	218.91	10.33	1989	89
第二季度	225.65	10.19	1928	91
第三季度	210.13	10.26	1959	94
第四季度	228.08	11.52	2019	95

圖 11-18　修改表格樣式的成果

11.4　自動化製作圖案

11.4.1　圖案物件簡介

簡報最大的特點就是把複雜冗長的文字圖示化，説明讀者迅速理解你的意思。而圖案作為簡報的元素，是將文字圖示化最有力的工具。打開 PowerPoint 檔，切換到「插入」標籤，在「圖例」選項群組中按一下「圖案」下拉按鈕，彈出圖案下拉清單，其中含有線條、矩形、基本圖案、箭頭圖案、方程式圖案、流程圖、星星及綵帶、圖說文字、動作按鈕九大類圖案，如圖 11-19 所示。

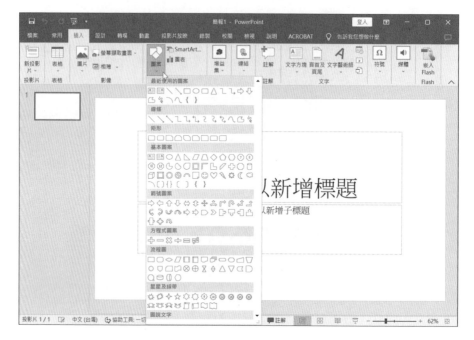

圖 11-19 九大類圖案

圖案物件主要有以下 4 種的作用。

1. 裝飾頁面

在圖表中新增一些圖案能發揮裝飾的作用，讓整個畫面顯得更加活潑、生動。利用各種圖案組合出各種圖表，也可以發揮裝飾的作用，讓畫面顯得不枯燥。

2. 引導視線

在圖表中新增一些圖案，可以引導讀者的視線，從而強調簡報中的某些重點內容，這種做法在實際工作中的應用十分普遍。

3. 連接元素

箭頭圖案、方程式圖案、流程圖、星星與綵帶、圖說文字、動作按鈕六大類圖案可以發揮連接元素的作用，看到這些圖案，就能知道它們是如何連接的。

4. 分隔元素

可以用圖案對小標題和內容等進行區分，此外利用圖案，還可以將文字放置在統一的容器裡，互相區分，否則，堆在一起，很容易造成混亂。

在 Python-pptx 程式庫中，也有豐富的圖案，目前已有約 200 種圖案可供選擇，如圖 11-20 所示。其英文名稱可連到 Python-pptx 官網中去查詢，其網址為：https://python-pptx.readthedocs.io/en/latest/api/enum/MsoAutoShapeType.html

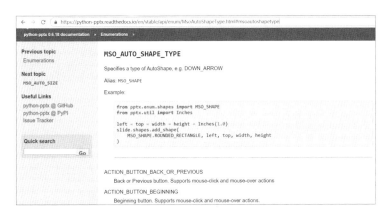

圖 11-20　Python-pptx 程式庫中的圖案類型

11.4.2　新增單個圖案

使用 Python-pptx 程式庫，可以方便地向簡報中新增單個圖案，程式碼如下：

```python
from pptx import Presentation
from pptx.enum.shapes import MSO_SHAPE
from pptx.util import Inches

prs = Presentation()
title_only_slide_layout = prs.slide_layouts[5]
slide = prs.slides.add_slide(title_only_slide_layout)
shapes = slide.shapes

left = Inches(3.5)
top = Inches(1.8)
width = Inches(2.9)
height = Inches(2.5)

shape = shapes.add_shape(MSO_SHAPE.CLOUD_CALLOUT, left, top, width, height)
shape.text = '想法泡泡：雲朵'

prs.save('新增圖案 1.pptx')
```

執行上述程式碼，新增單個圖案的成果如圖 11-21 所示。

圖 11-21　新增單個圖案的成果

11.4.3　新增多個相同圖案

使用 Python-pptx 程式庫，利用 for 迴圈語法，可以向簡報中新增多個相同圖案，程式碼如下所示：

```python
from pptx import Presentation
from pptx.enum.shapes import MSO_SHAPE
from pptx.util import Inches

prs = Presentation()
title_only_slide_layout = prs.slide_layouts[5]
slide = prs.slides.add_slide(title_only_slide_layout)
shapes = slide.shapes

left = Inches(1.2)
top = Inches(3.0)
width = Inches(1.8)
height = Inches(1.8)

for n in range(1, 5):
    shape = shapes.add_shape(MSO_SHAPE.CLOUD_CALLOUT, left, top, width, height)
    shape.text = '想法泡泡：雲朵 %d' % n
    left = left + width + Inches(0.1)
```

```
prs.save('新增圖案 2.pptx')
```

執行上述程式碼，新增多個相同圖案的成果如圖 11-22 所示。

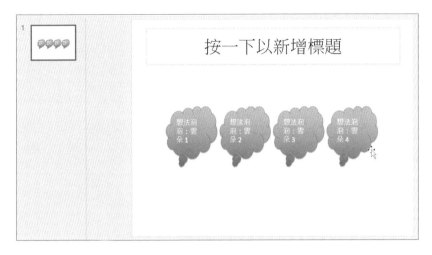

圖 11-22　新增多個相同圖案的成果

11.4.4　新增多個不同圖案

使用 Python-pptx 程式庫，利用 add_shape() 函數可以向簡報中新增多個不同圖案，程式碼如下所示：

```
from pptx import Presentation
from pptx.enum.shapes import MSO_SHAPE
from pptx.util import Inches

prs = Presentation()
title_only_slide_layout = prs.slide_layouts[5]
slide = prs.slides.add_slide(title_only_slide_layout)
shapes = slide.shapes

left = Inches(1.3)
top = Inches(3.0)
width = Inches(2.5)
height = Inches(2.0)

shape = shapes.add_shape(MSO_SHAPE.CLOUD_CALLOUT, left, top, width, height)
shape.text = '想法泡泡：雲朵'

left = Inches(3.9)
top = Inches(3.0)
width = Inches(2.5)
```

```
height = Inches(2.0)

shape = shapes.add_shape(MSO_SHAPE.STAR_24_POINT, left, top, width, height)
shape.text = '星形：24 角'

left = Inches(6.5)
top = Inches(3.0)
width = Inches(2.5)
height = Inches(2.0)

shape = shapes.add_shape(MSO_SHAPE.SUN, left, top, width, height)
shape.text = '太陽'

prs.save('新增圖案 3.pptx')
```

執行上述程式碼，新增多個不同圖案的成果如圖 11-23 所示。

圖 11-23　新增多個不同圖案的成果

11.5　上機實作題

練習 1：使用 Python-pptx 程式庫，在簡報中加入 2020 年 10 月不同地區客戶滿意度的統計表。

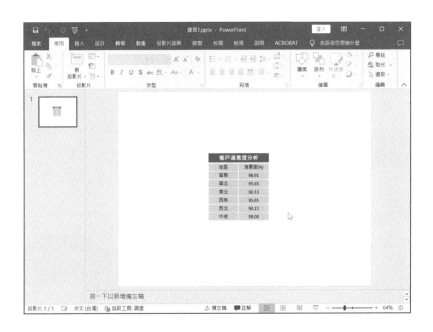

練習 2：使用 Python-pptx 程式庫，在簡報中加入 2020 年 10 月客戶退單主要原因的圓形圖。

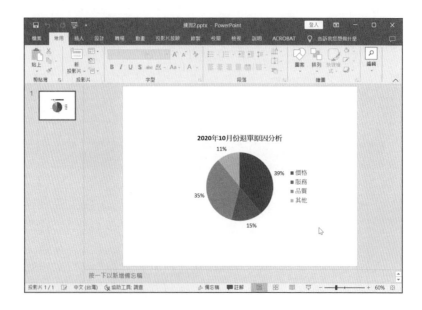

提示：

請參考下載之本書隨附相關檔案中 ch11 目錄內的「11-上機實作題.ipynb」參考答案。

第 12 章
利用 Python 製作企業營運月報投影片

月度營運分析是指從每月的報表裡提取出與公司生產營運相關的資料或圖表，可以反映公司目前狀況和存在的問題，並且透過投影片的形式展示給公司的中高階管理人員。

本章以某電商企業為例，詳細介紹如何利用 Python 製作企業營運月報投影片，包括商品銷售分析報告、客戶留存分析報告兩部分。

12.1 製作商品銷售分析報告

12.1.1 製作銷售額分析

使用 Python-pptx 程式庫，對企業在 2020 年 10 月的銷售額進行分析，程式碼如下所示：

```python
from pptx import Presentation
from pptx.chart.data import CategoryChartData
from pptx.enum.chart import XL_CHART_TYPE
from pptx.util import Inches
from pptx.util import Pt
from pptx.chart.data import ChartData
from pptx.enum.chart import XL_LABEL_POSITION
from pptx.enum.chart import XL_LEGEND_POSITION

prs = Presentation()
slide = prs.slides.add_slide(prs.slide_layouts[1])
title_shape = slide.shapes.title
title_shape.text = '企業營運月報'
subtitle = slide.shapes.placeholders[1]
subtitle.text = '1.商品銷售額分析'

body_shape = slide.shapes.placeholders
new_paragraph = body_shape[1].text_frame.add_paragraph()
new_paragraph.text = '在 2020 年 10 月，企業每日商品的銷售額基本呈現上升的趨勢，其中月
初銷售額最少不到 10 萬元，月末銷售額最多超過 20 萬元。'
new_paragraph.font.bold = False
new_paragraph.font.italic = False
new_paragraph.font.size = Pt(20)
new_paragraph.font.underline = False
new_paragraph.level = 1

chart_data = CategoryChartData()
chart_data.categories = ['1 日','2 日','3 日','4 日','5 日','6 日','7 日','8 日','9 日
','10 日','11 日','12 日','13 日','14 日','15 日','16 日','17 日','18 日','19 日','20 日
','21 日','22 日','23 日','24 日','25 日','26 日','27 日','28 日','29 日','30 日','31 日']
chart_data.add_series('2020 年 10 月銷售額分析',
(10.7,9.3,10.6,10.9,11.7,12.7,12.5,13.9,13.8,14.0,13.5,13.9,14.2,14.1,14.4,14.5,14.7
,14.6,14.8,14.9,15.3,15.6,15.8,16.2,16.3,17.1,17.7,18.8,19.2,20.7,21.2))

left, top, width, height = Inches(1.5), Inches(3.2), Inches(6.5), Inches(3.5)
chart = slide.shapes.add_chart(
    XL_CHART_TYPE.LINE, left, top, width, height, chart_data).chart
chart.has_legend = False

prs.save('商品銷售分析 1.pptx')
```

執行上述程式碼，投影片成果如圖 12-1 所示。

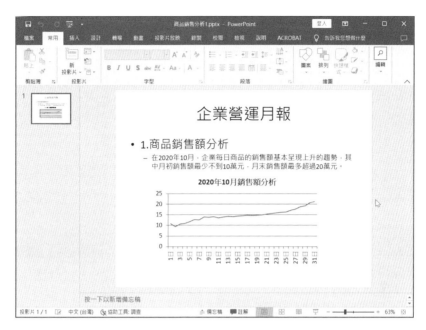

圖 12-1　投影片成果

12.1.2　製作訂單量分析

使用 Python-pptx 程式庫，針對企業在 2020 年 10 月的訂單量製作圖表進行分析，程式碼如下所示：

```
from pptx import Presentation
from pptx.chart.data import CategoryChartData
from pptx.enum.chart import XL_CHART_TYPE
from pptx.util import Inches
from pptx.util import Pt
from pptx.chart.data import ChartData
from pptx.enum.chart import XL_LABEL_POSITION
from pptx.enum.chart import XL_LEGEND_POSITION

prs = Presentation()
slide = prs.slides.add_slide(prs.slide_layouts[1])
title_shape = slide.shapes.title
title_shape.text = '企業營運月報'
subtitle = slide.shapes.placeholders[1]
subtitle.text = '2.商品訂單量分析'

body_shape = slide.shapes.placeholders
new_paragraph = body_shape[1].text_frame.add_paragraph()
new_paragraph.text = '在 2020 年 10 月，商品的訂單量，按客戶類型劃分主要是消費者，其次是小型企業；按地區劃分華東地區最多，其次是華南地區。'
new_paragraph.font.bold = False
```

```
new_paragraph.font.italic = False
new_paragraph.font.size = Pt(20)
new_paragraph.font.underline = False
new_paragraph.level = 1

left, top, width, height = Inches(2), Inches(3.2), Inches(5.5), Inches(4)
chart_data = ChartData()
chart_data.categories = ['華東', '華北', '華南', '東北', '西南', '西北']
chart_data.add_series('公司', (92,84,85,90,71,81))
chart_data.add_series('消費者', (131,122,133,128,121,129))
chart_data.add_series('小型企業', (118,92,104,97,106,103))
chart = slide.shapes.add_chart(
    XL_CHART_TYPE.BAR_CLUSTERED, left, top, width, height, chart_data).chart

chart.chart_style = 4
chart.has_legend = True
chart.legend.position = XL_LEGEND_POSITION.TOP
chart.legend.include_in_layout = False
chart.legend.horz_offset = 0                          #說明位移量預設值為 0

chart.plots[0].has_data_labels = True                 #是否寫入數值
chart.plots[0].has_legend = True
data_labels = chart.plots[0].data_labels
data_labels.position = XL_LABEL_POSITION.OUTSIDE_END  #數值版面配置方式

prs.save('商品銷售分析 2.pptx')
```

執行上述程式碼，投影片成果如圖 12-2 所示。

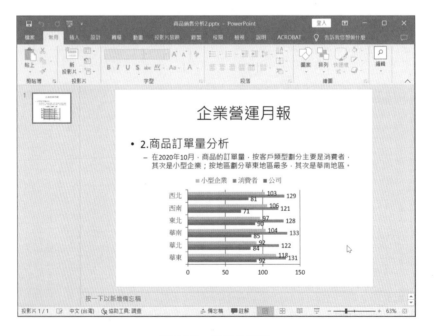

圖 12-2　投影片成果

12.1.3 製作退單量分析

使用 Python-pptx 程式庫，對企業在 2020 年 10 月的退單量進行分析，程式碼如
下所示：

```python
from pptx import Presentation
from pptx.chart.data import CategoryChartData
from pptx.enum.chart import XL_CHART_TYPE
from pptx.util import Inches
from pptx.util import Pt
from pptx.chart.data import ChartData
from pptx.enum.chart import XL_LABEL_POSITION
from pptx.enum.chart import XL_LEGEND_POSITION

prs = Presentation()
slide = prs.slides.add_slide(prs.slide_layouts[1])
title_shape = slide.shapes.title
title_shape.text = '企業營運月報'
subtitle = slide.shapes.placeholders[1]
subtitle.text = '3.商品退單量分析'

body_shape = slide.shapes.placeholders
new_paragraph = body_shape[1].text_frame.add_paragraph()
new_paragraph.text = '在 2020 年 10 月，商品的退單量，按客戶類型劃分主要是公司，其次是
消費者；按地區劃分西北地方最多，其次是華南地區。'
new_paragraph.font.bold = False
new_paragraph.font.italic = False
new_paragraph.font.size = Pt(20)
new_paragraph.font.underline = False
new_paragraph.level = 1

left, top, width, height = Inches(2), Inches(3.2), Inches(5.5), Inches(3.5)
chart_data = ChartData()
chart_data.categories = ['華東', '華北', '華南','東北', '西南', '西北']
chart_data.add_series('公司', (19,17,23,17,11,26))
chart_data.add_series('消費者', (13,11,19,18,15,19))
chart_data.add_series('小型企業', (18,17,16,14,10,17))
chart = slide.shapes.add_chart(
  XL_CHART_TYPE.COLUMN_STACKED, left, top, width, height, chart_data).chart

chart.chart_style = 4
chart.has_legend = True
chart.legend.position = XL_LEGEND_POSITION.TOP
chart.legend.include_in_layout = False
chart.legend.horz_offset = 0                    #說明位移量預設值為 0

chart.plots[0].has_data_labels = True
chart.plots[0].has_legend = True
data_labels = chart.plots[0].data_labels
data_labels.position = XL_LABEL_POSITION.INSIDE_END

prs.save('商品銷售分析 3.pptx')
```

執行上述程式碼，投影片成果如圖 12-3 所示。

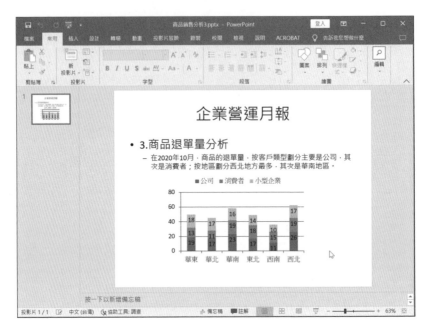

圖 12-3　投影片成果

12.2　製作客戶留存分析報告

12.2.1　製作新增客戶數量

使用 Python-pptx 程式庫，對企業在 2020 年 10 月的新增客戶數量進行分析，程式碼如下所示：

```python
from pptx import Presentation
from pptx.chart.data import CategoryChartData
from pptx.enum.chart import XL_CHART_TYPE
from pptx.util import Inches
from pptx.util import Pt
from pptx.chart.data import ChartData
from pptx.enum.chart import XL_LABEL_POSITION
from pptx.enum.chart import XL_LEGEND_POSITION

prs = Presentation()
slide = prs.slides.add_slide(prs.slide_layouts[1])
title_shape = slide.shapes.title
title_shape.text = '企業營運月報'
subtitle = slide.shapes.placeholders[1]
```

```
subtitle.text = '4.新增客戶數量分析'

body_shape = slide.shapes.placeholders
new_paragraph = body_shape[1].text_frame.add_paragraph()
new_paragraph.text = '在 2020 年 10 月，每日新增客戶數量基本為 100 人～150 人，每日流失
客戶數量基本為 10 人～50 人。'
new_paragraph.font.bold = False
new_paragraph.font.italic = False
new_paragraph.font.size = Pt(20)
new_paragraph.font.underline = False
new_paragraph.level = 1

chart_data = CategoryChartData()
chart_data.categories = ['1 日','2 日','3 日','4 日','5 日','6 日','7 日','8 日','9 日
','10 日','11 日','12 日','13 日','14 日','15 日','16 日','17 日','18 日','19 日','20 日
','21 日','22 日','23 日','24 日','25 日','26 日','27 日','28 日','29 日','30 日','31 日']
chart_data.add_series('新增客戶', (117,143,116,146,127,117,115,139,138,140,115,
109,102,121,124,107,147,112,100,139,149,130,132,112,112,111,107,118,112,137,102))
chart_data.add_series('流失客戶', (46,17,36,44,44,35,31,18,17,48,48,38,20,47,33,20,
32,14,25,47,33,16,48,35,31,27,28,15,10,41,18))

left, top, width, height = Inches(1.5), Inches(3.2), Inches(7), Inches(3.5)
chart = slide.shapes.add_chart(
    XL_CHART_TYPE.LINE, left, top, width, height, chart_data).chart
chart.chart_style = 4

prs.save('客戶留存分析 1.pptx')
```

執行上述程式碼，投影片成果如圖 12-4 所示。

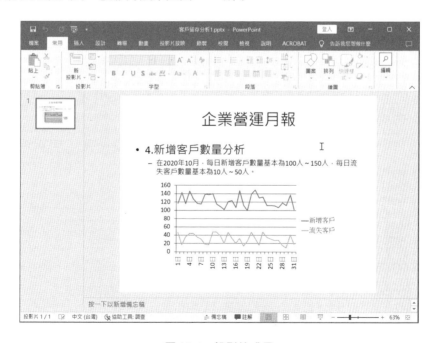

圖 12-4　投影片成果

12.2.2　製作客戶留存率

使用 Python-pptx 程式庫，對企業在 2020 年 10 月的客戶留存率進行分析，程式碼如下所示：

```python
from pptx import Presentation
from pptx.chart.data import CategoryChartData
from pptx.enum.chart import XL_CHART_TYPE
from pptx.util import Inches
from pptx.util import Pt
from pptx.chart.data import ChartData
from pptx.enum.chart import XL_LABEL_POSITION
from pptx.enum.chart import XL_LEGEND_POSITION

prs = Presentation()
slide = prs.slides.add_slide(prs.slide_layouts[1])
title_shape = slide.shapes.title
title_shape.text = '企業營運月報'
subtitle = slide.shapes.placeholders[1]
subtitle.text = '5.客戶留存率分析'

body_shape = slide.shapes.placeholders
new_paragraph = body_shape[1].text_frame.add_paragraph()
new_paragraph.text = '在 2020 年 10 月，客戶留存率最高的是華東地區，為 29.16%，其次是
華南地區，為 23.15%，留存率最低的是東北地區，僅為 8.18%。'
new_paragraph.font.bold = False
new_paragraph.font.italic = False
new_paragraph.font.size = Pt(20)
new_paragraph.font.underline = False
new_paragraph.level = 1

left, top, width, height = Inches(2), Inches(3.2), Inches(5.5), Inches(3.5)
chart_data = ChartData()
chart_data.categories = ['華東', '華北', '華南','東北', '西南', '西北']
chart_data.add_series('各地區客戶留存率',
(0.2916,0.1381,0.2315,0.0818,0.1759,0.1269))
chart = slide.shapes.add_chart(
  XL_CHART_TYPE.COLUMN_CLUSTERED, left, top, width, height, chart_data).chart

chart.chart_style = 4
chart.plots[0].has_data_labels = True
chart.plots[0].has_legend = True
data_labels = chart.plots[0].data_labels
data_labels.number_format = '0.00%'
data_labels.position = XL_LABEL_POSITION.INSIDE_END

prs.save('客戶留存分析 2.pptx')
```

執行上述程式碼，投影片成果如圖 12-5 所示。

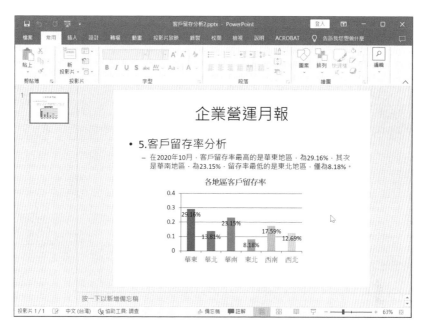

圖 12-5　投影片成果

12.2.3　製作客戶流失原因

使用 Python-pptx 程式庫，對企業在 2020 年 10 月的客戶流失原因進行分析，程式碼如下所示：

```python
from pptx import Presentation
from pptx.chart.data import CategoryChartData
from pptx.enum.chart import XL_CHART_TYPE
from pptx.util import Inches
from pptx.util import Pt
from pptx.chart.data import ChartData
from pptx.enum.chart import XL_LABEL_POSITION
from pptx.enum.chart import XL_LEGEND_POSITION

prs = Presentation()
slide = prs.slides.add_slide(prs.slide_layouts[1])
title_shape = slide.shapes.title
title_shape.text = '企業營運月報'
subtitle = slide.shapes.placeholders[1]
subtitle.text = '6.客戶流失原因分析'

body_shape = slide.shapes.placeholders
new_paragraph = body_shape[1].text_frame.add_paragraph()
new_paragraph.text = '在 2020 年 10 月，客戶流失原因主要是商品品質差，占比為 28.56%，
其次是商品價格高，占比為 22.95%。'
new_paragraph.font.bold = False
```

```
new_paragraph.font.italic = False
new_paragraph.font.size = Pt(20)
new_paragraph.font.underline = False
new_paragraph.level = 1

#按英尺標準指定x值、y值
left, top, width, height = Inches(1), Inches(3), Inches(7), Inches(3.5)
chart_data = ChartData()
chart_data.categories = ['商品品質差', '客服回饋慢', '商品價格高','商品無特徵',
'配送員態度', '配送及時性']
chart_data.add_series('客戶流失原因分析', (0.2856,0.1183,0.2295,0.0968,
    0.1649,0.1049))
chart = slide.shapes.add_chart(
  XL_CHART_TYPE.PIE, left, top, width, height, chart_data
).chart # PIE 為圓形圖

chart.has_legend = True
chart.legend.position = XL_LEGEND_POSITION.RIGHT
chart.legend.horz_offset = 0

chart.plots[0].has_data_labels = True
chart.plots[0].has_legend = True
data_labels = chart.plots[0].data_labels
data_labels.number_format = '0.00%'
data_labels.position = XL_LABEL_POSITION.INSIDE_END

chart.chart_style = 4
chart.has_title = True
chart.chart_title.text_frame.clear()            #清除原標題

new_paragraph = chart.chart_title.text_frame.add_paragraph()  #新增一行新標題
new_paragraph.text = '客戶流失主要原因'         #新標題內容
new_paragraph.font.size = Pt(11)               #設定新標題字型大小

prs.save('客戶留存分析 3.pptx')
```

執行上述程式碼，投影片成果如圖 12-6 所示。

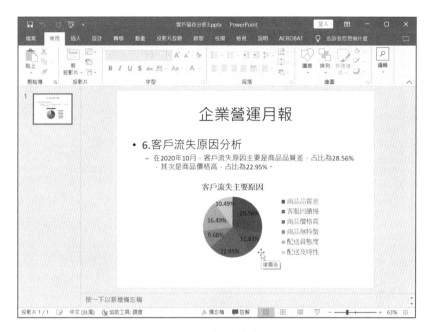

圖 12-6　投影片成果

12.3　企業營運月報投影片案例完整程式碼

為了更好地說明讀者理解投影片自動化製作的過程，我們把上述的程式碼進行了彙整，以便讀者在工作中參考使用，完整的程式碼如下所示：

```python
from pptx import Presentation
from pptx.chart.data import CategoryChartData
from pptx.enum.chart import XL_CHART_TYPE
from pptx.util import Inches
from pptx.util import Pt
from pptx.chart.data import ChartData
from pptx.enum.chart import XL_LABEL_POSITION
from pptx.enum.chart import XL_LEGEND_POSITION


#第 1 頁投影片
prs = Presentation()
slide = prs.slides.add_slide(prs.slide_layouts[1])
title_shape = slide.shapes.title
title_shape.text = '企業營運月報'
subtitle = slide.shapes.placeholders[1]
subtitle.text = '1.商品銷售額分析'

body_shape = slide.shapes.placeholders
new_paragraph = body_shape[1].text_frame.add_paragraph()
new_paragraph.text = '在 2020 年 10 月，企業每日商品的銷售額基本呈現上升的趨勢，其中月
```

```
初銷售額最少不到 10 萬元，月末銷售額最多超過 20 萬元。'
new_paragraph.font.bold = False
new_paragraph.font.italic = False
new_paragraph.font.size = Pt(20)
new_paragraph.font.underline = False
new_paragraph.level = 1

chart_data = CategoryChartData()
chart_data.categories = ['1 日','2 日','3 日','4 日','5 日','6 日','7 日','8 日','9 日
','10 日','11 日','12 日','13 日','14 日','15 日','16 日','17 日','18 日','19 日','20 日
','21 日','22 日','23 日','24 日','25 日','26 日','27 日','28 日','29 日','30 日','31 日']
chart_data.add_series('2020 年 10 月銷售額分析', (10.7,9.3,10.6,10.9,11.7,12.7,12.5,
13.9,13.8,14.0,13.5,13.9,14.2,14.1,14.4,14.5,14.7,14.6,14.8,14.9,15.3,15.6,15.8,
16.2,16.3,17.1,17.7,18.8,19.2,20.7,21.2))

left, top, width, height = Inches(1.5), Inches(3.2), Inches(6.5), Inches(3.5)
chart = slide.shapes.add_chart(
  XL_CHART_TYPE.LINE, left, top, width, height, chart_data).chart
chart.has_legend = False

#第 2 頁投影片
slide = prs.slides.add_slide(prs.slide_layouts[1])
title_shape = slide.shapes.title
title_shape.text = '企業營運月報'
subtitle = slide.shapes.placeholders[1]
subtitle.text = '2.商品訂單量分析'

body_shape = slide.shapes.placeholders
new_paragraph = body_shape[1].text_frame.add_paragraph()
new_paragraph.text = '在 2020 年 10 月，商品的訂單量，按客戶類型劃分主要是消費者，其次
是小型企業；按地區劃分華東地區最多，其次是華南地區。'
new_paragraph.font.bold = False
new_paragraph.font.italic = False
new_paragraph.font.size = Pt(20)
new_paragraph.font.underline = False
new_paragraph.level = 1

left, top, width, height = Inches(2), Inches(3.2), Inches(5.5), Inches(4)
chart_data = ChartData()
chart_data.categories = ['華東', '華北', '華南','東北', '西南', '西北']
chart_data.add_series('公司', (92,84,85,90,71,81))
chart_data.add_series('消費者', (131,122,133,128,121,129))
chart_data.add_series('小型企業', (118,92,104,97,106,103))
chart = slide.shapes.add_chart(
  XL_CHART_TYPE.BAR_CLUSTERED, left, top, width, height, chart_data
).chart

chart.chart_style = 4
chart.has_legend = True
chart.legend.position = XL_LEGEND_POSITION.TOP
chart.legend.include_in_layout = False
chart.legend.horz_offset = 0

chart.plots[0].has_data_labels = True
chart.plots[0].has_legend = True
```

```
data_labels = chart.plots[0].data_labels
data_labels.position = XL_LABEL_POSITION.OUTSIDE_END

#第 3 頁投影片
slide = prs.slides.add_slide(prs.slide_layouts[1])
title_shape = slide.shapes.title
title_shape.text = '企業營運月報'
subtitle = slide.shapes.placeholders[1]
subtitle.text = '3.商品退單量分析'

body_shape = slide.shapes.placeholders
new_paragraph = body_shape[1].text_frame.add_paragraph()
new_paragraph.text = '在 2020 年 10 月，商品的退單量，按客戶類型劃分主要是公司，其次是
消費者；按地區劃分西北地方最多，其次是華南地區。'
new_paragraph.font.bold = False
new_paragraph.font.italic = False
new_paragraph.font.size = Pt(20)
new_paragraph.font.underline = False
new_paragraph.level = 1

#按英尺標準指定 x 值、y 值
left, top, width, height = Inches(2), Inches(3.2), Inches(5.5), Inches(3.5)
chart_data = ChartData()
chart_data.categories = ['華東', '華北', '華南','東北', '西南', '西北']
chart_data.add_series('公司', (19,17,23,17,11,26))
chart_data.add_series('消費者', (13,11,19,18,15,19))
chart_data.add_series('小型企業', (18,17,16,14,10,17))
chart = slide.shapes.add_chart(
  XL_CHART_TYPE.COLUMN_STACKED, left, top, width, height, chart_data).chart

chart.chart_style = 4
chart.has_legend = True
chart.legend.position = XL_LEGEND_POSITION.TOP
chart.legend.include_in_layout = False
chart.legend.horz_offset = 0

chart.plots[0].has_data_labels = True
chart.plots[0].has_legend = True
data_labels = chart.plots[0].data_labels
data_labels.position = XL_LABEL_POSITION.INSIDE_END

#第 4 頁投影片
slide = prs.slides.add_slide(prs.slide_layouts[1])
title_shape = slide.shapes.title
title_shape.text = '企業營運月報'
subtitle = slide.shapes.placeholders[1]
subtitle.text = '4.新增客戶數量分析'

body_shape = slide.shapes.placeholders
new_paragraph = body_shape[1].text_frame.add_paragraph()
new_paragraph.text = '在 2020 年 10 月，每日新增客戶數量基本為 100 人～150 人，每日流失
客戶數量基本為 10 人～50 人。'
new_paragraph.font.bold = False
new_paragraph.font.italic = False
new_paragraph.font.size = Pt(20)
```

```
new_paragraph.font.underline = False
new_paragraph.level = 1

chart_data = CategoryChartData()
chart_data.categories = ['1 日','2 日','3 日','4 日','5 日','6 日','7 日','8 日','9 日',
'10 日','11 日','12 日','13 日','14 日','15 日','16 日','17 日','18 日','19 日','20 日',
'21 日','22 日','23 日','24 日','25 日','26 日','27 日','28 日','29 日','30 日','31 日']
chart_data.add_series('新增客戶', (117,143,116,146,127,117,115,139,138,140,115,
109,102,121,124,107,147,112,100,139,149,130,132,112,112,111,107,118,112,137,102))
chart_data.add_series('流失客戶', (46,17,36,44,44,35,31,18,17,48,48,38,20,47,33,
20,32,14,25,47,33,16,48,35,31,27,28,15,10,41,18))

left, top, width, height = Inches(1.5), Inches(3.2), Inches(7), Inches(3.5)
chart = slide.shapes.add_chart(
  XL_CHART_TYPE.LINE, left, top, width, height, chart_data).chart
chart.chart_style = 4

#第 5 頁投影片
slide = prs.slides.add_slide(prs.slide_layouts[1])
title_shape = slide.shapes.title
title_shape.text = '企業營運月報'
subtitle = slide.shapes.placeholders[1]
subtitle.text = '5.客戶留存率分析'

body_shape = slide.shapes.placeholders
new_paragraph = body_shape[1].text_frame.add_paragraph()
new_paragraph.text = '在 2020 年 10 月，客戶留存率最高的是華東地區，為 29.16%，其次是
華南地區，為 23.15%，留存率最低的是東北地區，僅為 8.18%。'
new_paragraph.font.bold = False
new_paragraph.font.italic = False
new_paragraph.font.size = Pt(20)
new_paragraph.font.underline = False
new_paragraph.level = 1

#按英尺標準指定 x 值、y 值
left, top, width, height = Inches(2), Inches(3.2), Inches(5.5), Inches(3.5)
chart_data = ChartData()
chart_data.categories = ['華東', '華北', '華南','東北', '西南', '西北']
chart_data.add_series('各地區客戶留存率',
(0.2916,0.1381,0.2315,0.0818,0.1759,0.1269))
chart = slide.shapes.add_chart(
  XL_CHART_TYPE.COLUMN_CLUSTERED, left, top, width, height, chart_data).chart

chart.chart_style = 4
chart.plots[0].has_data_labels = True
chart.plots[0].has_legend = True
data_labels = chart.plots[0].data_labels
data_labels.number_format = '0.00%'
data_labels.position = XL_LABEL_POSITION.INSIDE_END

#第 6 頁投影片
slide = prs.slides.add_slide(prs.slide_layouts[1])
title_shape = slide.shapes.title
title_shape.text = '企業營運月報'
subtitle = slide.shapes.placeholders[1]
```

```
subtitle.text = '6.客戶流失原因分析'

body_shape = slide.shapes.placeholders
new_paragraph = body_shape[1].text_frame.add_paragraph()
new_paragraph.text = '在 2020 年 10 月，客戶流失原因主要是商品品質差，占比為 28.56%，
其次是商品價格高，占比為 22.95%。'
new_paragraph.font.bold = False
new_paragraph.font.italic = False
new_paragraph.font.size = Pt(20)
new_paragraph.font.underline = False
new_paragraph.level = 1
#按英尺標準指定 x 值、y 值
left, top, width, height = Inches(1), Inches(3), Inches(7), Inches(3.5)
chart_data = ChartData()
chart_data.categories = ['商品品質差', '客服回饋慢', '商品價格高','商品無特徵', '配
送員態度', '配送及時性']
chart_data.add_series('客戶流失原因分析',
(0.2856,0.1183,0.2295,0.0968,0.1649,0.1049))
chart = slide.shapes.add_chart(
  XL_CHART_TYPE.PIE, left, top, width, height, chart_data).chart # PIE 為圓形圖

chart.has_legend = True
chart.legend.position = XL_LEGEND_POSITION.RIGHT
chart.legend.horz_offset = 0

chart.plots[0].has_data_labels = True
chart.plots[0].has_legend = True
data_labels = chart.plots[0].data_labels
data_labels.number_format = '0.00%'
data_labels.position = XL_LABEL_POSITION.INSIDE_END

chart.chart_style = 4
chart.has_title = True
chart.chart_title.text_frame.clear()
new_paragraph = chart.chart_title.text_frame.add_paragraph()
new_paragraph.text = '客戶流失主要原因'
new_paragraph.font.size = Pt(11)

prs.save('企業營運月報.pptx')
```

執行上述程式碼，本案例建立的共六張的投影片成果如圖 12-7 所示。

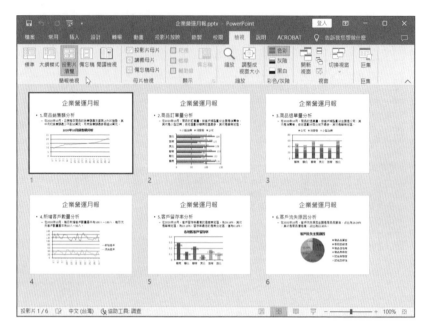

圖 12-7　本案例建立的投影片成果

12.4　上機實作題

練習 1：使用「客戶滿意度.xls」資料，製作企業客戶滿意度的月度報告，包括每日滿意度的折線圖、不同地區滿意度的橫條圖。

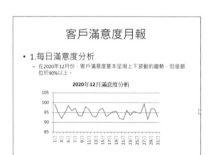
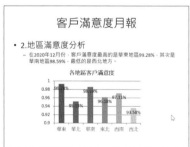

提示：

請參考下載之本書隨附相關檔案中 ch12 目錄內的「12-上機實作題.ipynb」參考答案。

第 5 篇
郵件自動化處理篇

第 13 章

利用 Python 批次發送電子郵件

在日常辦公中，檢查和回覆電子郵件會佔用大量的時間，當我們知道怎麼編寫收發電子郵件的程式後，就可以自動化處理與電子郵件相關的任務，從而為我們節省大量複製和貼上郵件的時間。

本章將詳細介紹利用 Python 批次向 126、QQ、Sina、Hotmail 等常用信箱發送電子郵件。

13.1 郵件伺服器概述

13.1.1 郵件伺服器原理

在日常工作中，我們可能感覺電子郵件的傳輸很簡單，但是其背後的實作機制非常複雜。

下面先介紹幾種伺服器常用的概念。

MUA（Mail User Agent，郵件使用者代理）：它的主要作用是內送郵件伺服器上的電子郵件，以及提供使用者瀏覽和編寫郵件的功能。一般來說，MUA 就是一個郵件客戶端。常見的 MUA 軟體有 Outlook Express、Outlook、Foxmail、Thunderbird、Evolution 等。

MTA（Mail Transfer Agent，郵件傳輸代理）：它的主要作用是收取郵件，接收郵件時使用的協定是 SMTP（Simple Mail Transfer Protocol，簡單郵件傳輸協定），監聽埠號是 25。我們一般所說的 Mail Server 指的就是 MTA。常見的 MTA 軟體有 Sendmail、Postfix、Qmail、Exchange 等。

MDA（Mail Delivery Agent，郵件投遞代理）：它的主要功能是透過分析 MTA 所收到的郵件的表頭和內容等來決定這封郵件的去向。如果 MTA 所收到的郵件目標是自己，就會將這封郵件轉到使用者的信箱中；如果 MTA 所收到的郵件不是自己，就將郵件中繼（轉遞）出去。MDA 其實是 MTA 下的一個小程式。常見的 MDA 軟體有 Procmail、Maildrop 等。

MRA（Mail Retrieval Agent，郵件檢索代理）：使用者可以透過 POP3 協定或 IMAP4 協定來接收自己的郵件，常見的 MRA 有 Cyrus-imap、Dovecot。POP3 協定和 IMAP4 協定接收郵件的方式是不同的，下面介紹這兩種協定接收郵件的方式。

1. POP3 協定接收郵件的方式

1) MUA 透過 POP3 協定連接到 MRA 的 110 埠，並且 MUA 需要提供帳號和密碼來取得正確的授權。這個授權是由 POP3 協定到資料庫中搜尋帳號和密碼是否正確來獲取的，因此 MRA 還需要和資料庫結合起來工作。

2）　MRA 確認帳號和密碼正確後，會到使用者的信箱取得使用者的郵件，並傳遞給 MUA。

3）　當所有的郵件傳送完畢後，使用者信箱內的資料就會被清空。

2. IMAP4 協定接收郵件的方式

IMAP4 協定需要透過帳號和密碼來取得授權才可以獲取使用者信箱內的郵件，但是它不僅將取得的郵件返回給 MUA，並且將郵件儲存在使用者的帳號目錄下。這樣一來，使用者就可以永久查看郵件。

因此，建立一個完整的郵件伺服器只需要 SMTP 協定和 POP3 協定。

接下來介紹一個完整的郵件伺服器的工作流程。

1）　使用者利用 MUA 軟體寫好一封郵件，利用 SMTP 協定將其傳到本機的 SMTP 伺服器上。

2）　當 MTA 收到郵件後，如果該郵件的目的地是本機，則 MDA 會將該郵件存放在使用者的信箱裡；如果該郵件的目的地不是本機，則需要呼叫 SMTP 客戶端與目標 MTA 建立連線，MDA 會將其轉發給下一個 MTA。為了確保安全，使用者在使用 MUA 發送郵件之前，需要提供帳號和密碼取得授權，才可以發送郵件。

3）　本機 SMTP 伺服器呼叫 SMTP 客戶端與下一個 SMTP 伺服器建立 TCP 連接，然後目標 SMTP 伺服器收到郵件後，MDA 會分析該郵件的表頭和內容，決定這封信的去向。如果目標是本機，則將其轉發到使用者的信箱；如果目標不是本機，則繼續向下一個 MTA 轉發。

4）　客戶端收取郵件，需要透過帳號和密碼取得授權，這裡使用 POP3 協定到資料庫檢索帳號和密碼是否正確。如果帳號和密碼正確，就到使用者的信箱獲取郵件，返回給 POP3 伺服器，再由 POP3 伺服器返回給客戶端。

圖 13-1 所示為郵件伺服器的工作流程。

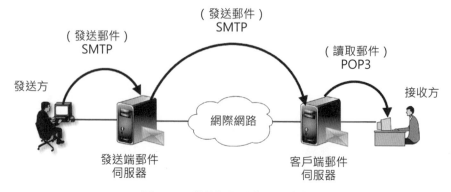

圖 13-1　郵件伺服器的工作流程

13.1.2　開啟 126 信箱相關服務

下面介紹幾種常用信箱的郵件伺服器配置。

對於網易 126 信箱，在信箱的「設置」→「POP3/SMTP/IMAP」配置選項中可以開啟相關服務，如圖 13-2 所示。

開啟 IMAP/SMTP 服務，在設定頁面中按一下「開啟」按鈕，彈出帳號安全提示對話方塊。按一下「繼續開啟」按鈕，使用手機發送驗證短信。按一下「我已發送」按鈕進行驗證，之後將會顯示授權密碼。利用同樣的方法可以開啟 POP3/SMTP 服務。

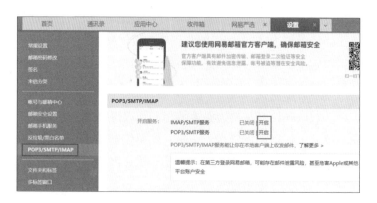

圖 13-2　開啟 126 信箱相關服務

13.1.3　開啟 QQ 信箱相關服務

對於QQ信箱，在信箱的「設置」→「帳戶」→「POP3/IMAP/SMTP/Exchange/
CardDAV/CalDAV 服務」配置選項中可以開啟相關服務，如圖 13-3 所示。

圖 13-3　開啟 QQ 信箱相關服務

按一下「開啟」按鈕，然後使用手機發送驗證短信，再按一下「我已發送」按
鈕進行驗證。接著彈出「開啟」對話方塊，在該對話方塊中有授權碼。

13.1.4　開啟 Sina 信箱相關服務

對於 Sina（新浪）信箱，在信箱的「設置區」→「客戶端 pop/imap/smtp」配置
選項中可以開啟相關服務，如圖 13-4 所示。

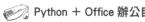

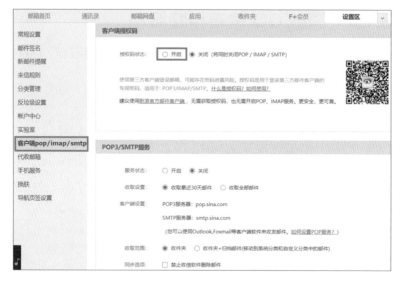

圖 13-4　開啟 Sina 信箱相關服務

按一下「開啟」選項按鈕，然後在彈出的提示對話方塊中輸入手機號碼和驗證碼，按一下「確定」按鈕後就會出現授權碼，之後選擇需要開啟的服務類型。

13.1.5　開啟 Hotmail 信箱相關服務

對於 Hotmail 信箱，在信箱的「設定」→「郵件」→「同步電子郵件」配置選項中可以開啟相關服務，如圖 13-5 所示。

圖 13-5　開啟 Hotmail 信箱相關服務

13.2　發送電子郵件

13.2.1　SMTP() 方法：連接郵件伺服器

SMTP 伺服器的網域名稱通常是 smtp 加電子郵件提供商的網域名稱加 .com。例如，Gmail 的 SMTP 伺服器的網域名稱是 smtp.gmail.com。表 13-1 列出了一些常見的電子郵件提供商及其 SMTP 伺服器的網域名稱（埠號是一個整數值，幾乎總是 587，該埠由命令加密標準 TLS 使用）。

表 13-1　電子郵件提供商及其 SMTP 伺服器的網域名稱

常用信箱	SMTP 伺服器的網域名稱
新浪信箱	smtp.sina.com
新浪 VIP	smtp.vip.sina.com
搜狐信箱	smtp.sohu.com
126 信箱	smtp.126.com
139 信箱	smtp.139.com
163 信箱	smtp.163.com

得到電子郵件提供商的網域名稱和埠號資訊後，呼叫 smtplib.SMTP_SSL() 方法建立一個 SMTP 物件，傳入網域名稱作為一個字串參數，以及傳入埠號作為整數參數。SMTP 物件表示與 SMTP 郵件伺服器的連接，它有一些發送電子郵件的方法。例如，下面的呼叫建立了一個 SMTP 物件，連接到網易 126 信箱，程式碼如下所示：

```
import smtplib
smtpObj = smtplib.SMTP_SSL('smtp.126.com', 465)
type(smtpObj)
```

程式碼輸出結果如下所示。

```
smtplib.SMTP_SSL
```

輸入 type(smtpObj) 表明 smtpObj 中儲存了一個 SMTP 物件。後續我們需要使用 SMTP 物件，以便呼叫它的方法，登錄並發送電子郵件。

13.2.2 ehlo() 方法：登錄郵件伺服器

得到 SMTP 物件後，呼叫 ehlo() 方法，登錄 SMTP 電子郵件伺服器，程式碼如下所示：

```
smtpObj.ehlo()
```

執行上述程式碼，輸出如下所示登錄郵件伺服器的資訊。如果在返回的元組中，第一項是整數 250（SMTP 中「成功」的代碼），則表示連接成功。

```
(250,
b'mail\nPIPELINING\nAUTH LOGIN PLAIN\nAUTH=LOGIN PLAIN\ncoremail
1Uxr2xKj7kGOxkI17xGrU7IOs8FY2U3Uj8Cz28x1UUUUU7Ic2IOY2Urf5unBUCaOxDrUUUUj\nSTARTTLS\n
8BITMIME')
```

13.2.3 sendmail() 方法：發送郵件

登錄到電子郵件提供商的 SMTP 伺服器後，可以呼叫 sendmail() 方法來發送電子郵件，程式碼如下所示：

```
smtpObj.sendmail('acwgp@126.com', '1298997509@qq.com', message.as_string())
```

程式碼輸出結果如下所示。

```
{}
```

sendmail() 方法需要 3 個參數：

■ 寄件者的電子郵寄地址字串。

■ 收件人的電子郵寄地址字串，或者多個收件人的字串清單。

■ 電子郵件正文字串。

sendmail() 方法的返回值是一個字典。對於電子郵件傳送失敗的收件人，在該字典中會有一個「鍵─值」對。空的字典意味著對所有收件人已成功發送電子郵件。

確保在完成發送電子郵件時，呼叫 quit() 方法，該方法會讓程式從 SMTP 伺服器斷開，程式碼如下所示：

```
smtpObj.quit()
```

程式碼輸出結果如下所示。

```
(221, b'Bye')
```

當返回值為 221 時表示會話結束。

13.3　發送電子郵件案例

下面透過案例介紹利用 Python，透過網易 126 信箱向 QQ 信箱和 Sina 信箱同時
發送定制的電子郵件，程式碼如下所示：

```python
import smtplib
from email.header import Header
from email.mime.text import MIMEText

#協力廠商 SMTP 伺服器
mail_host = "smtp.126.com"        #SMTP 伺服器
mail_user = "acwgp@126.com"       #使用者名稱
mail_pass = "ACVPPZBDVTHQNXMU"    #授權密碼，非登錄密碼

sender = 'acwgp@126.com'          #寄件者信箱
receivers = ['1298997509@qq.com','shanghaiwren1@sina.com']    #收件人信箱

content = '你好！這是自動化郵件發送的測試郵件，請勿回復！'    #郵件內容
title = '自動化郵件批次發送'                              #郵件主題

def sendEmail():
    #參數為：郵件內容、格式 plain 或 html、編碼方式
    message = MIMEText(content, 'html', 'utf-8')
    message['From'] = "{}".format(sender)
    message['To'] = ",".join(receivers)
    message['Subject'] = title

    try:
        smtpObj = smtplib.SMTP_SSL(mail_host, 465)  #啟用 SSL 發信，埠號一般是 465
        smtpObj.login(mail_user, mail_pass)         #登錄驗證
        smtpObj.sendmail(sender, receivers, message.as_string()) #發送郵件
        print("郵件發送成功！")                        #輸出成功資訊
    except smtplib.SMTPException as e:
        print(e)

if __name__ == '__main__':
    sendEmail()
```

程式碼輸出結果如下所示。

> 郵件發送成功！

如果程式正常執行，則會顯示「郵件發送成功！」的資訊，然後就可以在 QQ 信箱和 Sina 信箱中接收到剛剛發送的電子郵件，效果如圖 13-6 所示。

自動化郵件批量發送 ☆
發件人：**acwgp** <acwgp@126.com> 📷
時 間：2020年11月29日（星期日）下午7：56
收件人：Hanalyst < ▓▓▓▓▓@qq.com>; shanghaiwren1 < ▓▓▓▓▓ @sina.com>

你好！這是自動化郵件發送的測試郵件，請勿回復！

圖 13-6　自動化發送電子郵件

13.4　由 Hotmail 寄信

下面是透過 Python 的程式碼由 Hotmail 發送簡短的電子郵件，程式碼如下：

```python
import smtplib
import email

EMAIL_ADDRESS = 'youremailname@hotmail.com'
EMAIL_PASSWORD = 'yourpassword'

# 設定 SMTP server
s = smtplib.SMTP(host='smtp.office365.com', port=587)
s.starttls()
s.login(EMAIL_ADDRESS,EMAIL_PASSWORD)
print('connection good')
msg = email.message_from_string("This is a test email")
msg['From'] = EMAIL_ADDRESS
msg['To'] = EMAIL_ADDRESS
msg['Subject'] = "Test email"
s = smtplib.SMTP("smtp.office365.com",587)

s.ehlo()
s.starttls()
s.ehlo()
s.login(EMAIL_ADDRESS, EMAIL_PASSWORD)
s.sendmail(EMAIL_ADDRESS, EMAIL_ADDRESS, msg.as_string())
s.quit()

print('由 Hotmail 寄信成功！')
```

以下是使用 Jupyter Notebook 執行程式碼的結果，並可由 email 信箱中看到測試寄出的郵件。如果執行後有出現授權不通過的錯誤回應，請回到「13.1.5　開啟 Hotmail 信箱相關服務」小節看看您的郵件帳號是否有開啟的相關服務。

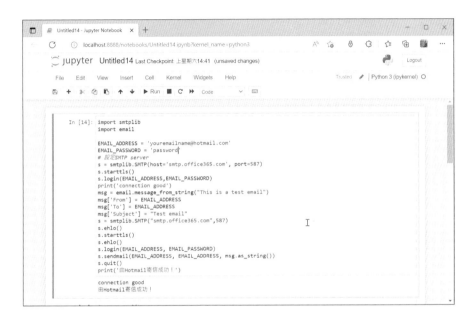

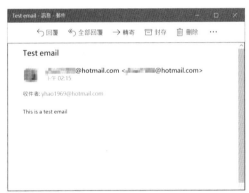

第 14 章
利用 Python 獲取電子郵件

電子郵件已經成為我們溝通交流的一個重要工具，但與此同時，它也會浪費許多時間，因為我們需要常常打開信箱和接收各類複雜的郵件。

本章將介紹利用 Python 批次獲取 126、QQ、Sina、Hotmail 等常用信箱的電子郵件。

14.1 獲取郵件內容

14.1.1 透過 POP3 協定連接郵件伺服器

在第 13 章中，我們已經介紹了如何使用 SMTP 協定發送郵件，接下則是討論要如何獲取郵件？

其實，收取郵件就是編寫一個 MUA 作為客戶端，從 MDA 把郵件獲取到使用者的電腦或手機中。收取郵件最常用的是 POP3 協定。

Python 內建了一個 poplib 模組，可以用 POP3 協定來直接收取郵件。需要注意的是，POP3 協定收取的不是一個已經可以閱讀的郵件，而是郵件的原始文字。這和 SMTP 協定類似，SMTP 協定發送的也是經過編碼後的文字。

想要把 POP3 協定收取的文字變成使用者可以閱讀的郵件，還需要用 email 模組提供的各種類別來解析原始文字，變成使用者可以閱讀的郵件物件。

因此，獲取郵件需要分成以下兩個步驟。

第一步：使用 poplib 模組把郵件的原始文字下載到本機。

第二步：使用 email 模組解析原始文字，還原為郵件物件。

在透過 POP3 協定獲取電子郵件之前，需要連接和登錄到郵件伺服器，程式碼如下所示：

```python
import poplib

#輸入郵寄地址、密碼和 POP3 伺服器位址
email = 'acwgp@126.com'
password = 'ACVPPZBDVTHQNXMU'
pop3_server = 'pop.126.com'

#連接到 POP3 伺服器
server = poplib.POP3_SSL(pop3_server)
#打開或關閉除錯資訊
server.set_debuglevel(1)

#身份認證
server.user(email)
server.pass_(password)

#輸出歡迎資訊
print(server.getwelcome().decode('utf-8'))
```

執行上述程式碼，成功連接郵件伺服器的輸出結果如下所示。

```
*cmd* 'USER acwgp@126.com'
*cmd* 'PASS ACVPPZBDVTHQNXMU'
+OK Welcome to coremail Mail Pop3 Server
(126coms[6c62234a7721d45811debf430915950ds])
```

14.1.2　透過 POP3 協定下載郵件

POP3 協定有 3 種狀態：認證狀態、處理狀態和更新狀態。執行命令可以改變協定的狀態，而對於具體的某個命令，它只能在具體的某個狀態下使用。當客戶端與伺服器建立連接時，它的狀態為認證狀態；一旦客戶端提供了自己的身份並被成功地確認，即由認證狀態轉入處理狀態；在完成相應的操作後客戶端發出 QUIT 命令，進入更新狀態；更新狀態之後又重返認證狀態；當然在認證狀態下執行 QUIT 命令，可釋放連接。

可以透過 POP3 協定下載郵件，POP3 協定本身很簡單。下面以網易 126 信箱為例，介紹如何下載一封最新的郵件，程式碼如下所示：

```python
import poplib

#輸入郵寄地址、密碼和 POP3 伺服器位址
email = 'acwgp@126.com'
password = 'ACVPPZBDVTHQNXMU'
pop3_server = 'pop.126.com'

#連接到 POP3 伺服器
server = poplib.POP3_SSL(pop3_server)
#打開或關閉除錯資訊
server.set_debuglevel(1)

#身份認證
server.user(email)
server.pass_(password)

#返回所有郵件的編號
resp, mails, octets = server.list()
#查看返回的列表
print(mails)

#獲取一封最新的郵件
index = len(mails)
resp, lines, octets = server.retr(index)

#關閉連接
server.quit()
```

執行上述程式碼，下載郵件的輸出結果如下所示。

```
*cmd* 'USER acwgp@126.com'
*cmd* 'PASS ACVPPZBDVTHQNXMU'
*cmd* 'LIST'
[b'1 97841']
*cmd* 'RETR 1'
*cmd* 'QUIT'
b'+OK core mail'
```

在上述輸出結果中，LIST 命令表示返回郵件數量和每封郵件的大小，RETR 命令表示返回由參數標識的郵件的全部文字，QUIT 命令表示關閉。POP3 協定的常用命令如表 14-1 所示。

表 14-1　POP3 協定的常用命令

命令	參數	使用狀態	說明
USER	Username	認證	此命令與下面的 PASS 命令若成功，將導致狀態轉換
PASS	Password	認證	此命令若成功，將轉化為更新狀態
APOP	Name、Digest	認證	Digest 是 MD5 訊息摘要
STAT	None	處理	請求伺服器發回關於信箱的統計資料，如郵件總數和總位元組數
UIDL	[Msg#]	處理	返回郵件唯一識別碼，POP3 會話的每個識別字都將是唯一的
LIST	[Msg#]	處理	返回郵件唯一識別碼，POP3 會話的每個識別字都將是唯一的
RETR	[Msg#]	處理	返回由參數標識的郵件的全部文字
DELE	[Msg#]	處理	伺服器將由參數標識的郵件標記為刪除，由 QUIT 命令執行
TOP	[Msg#]	處理	返回由參數標識的郵件之郵件標頭+前 n 行內容，n 必須為正整數
NOOP	None	處理	伺服器返回一個肯定的回應，用於測試連接是否成功
QUIT	None	處理、認證	如果伺服器處於處理狀態，則進入更新狀態以刪除任何標記為刪除的郵件。如果伺服器處於認證狀態，則退出連接

14.2　解析郵件內容

從 14.1 節可以看出，使用 POP3 協定獲取郵件比較簡單，想要獲取所有郵件，只需以迴圈使用 retr() 方法即可，真正麻煩的是把郵件的原始內容解析為可以閱讀的郵件物件，本節將詳細介紹如何解析郵件內容。

14.2.1　解析郵件正文

解析郵件，先匯入必要的模組，程式碼如下所示：

```python
import poplib
from email.parser import Parser
from email.header import decode_header
from email.utils import parseaddr
```

接下來，獲取整個郵件的原始文字，程式碼如下所示：

```python
msg_content = b'\r\n'.join(lines).decode('utf-8')
```

再把郵件內容解析為 Message 物件，程式碼如下所示：

```python
msg = Parser().parsestr(msg_content)
```

但是，這個 Message 物件本身可能是一個 MIMEMultipart 物件，即巢狀嵌套其他 MIMEBase 物件，可能不止一層巢狀嵌套，所以我們要遞迴地輸出 Message 物件的層次結構，程式碼如下所示：

```python
def print_info(msg, indent=0):
    if indent == 0:
        for header in ['From', 'To', 'Subject']:
            value = msg.get(header, '')
            if value:
                if header=='Subject':
                    value = decode_str(value)
                else:
                    hdr, addr = parseaddr(value)
                    name = decode_str(hdr)
                    value = u'%s <%s>' % (name, addr)
            print('%s%s: %s' % ('  ' * indent, header, value))
    if (msg.is_multipart()):
        parts = msg.get_payload()
        for n, part in enumerate(parts):
            print('%spart %s' % ('  ' * indent, n))
```

```
            print('%s--------------------' % ('  ' * indent))
            print_info(part, indent + 1)
    else:
        content_type = msg.get_content_type()
        if content_type=='text/plain' or content_type=='text/html':
            content = msg.get_payload(decode=True)
            charset = guess_charset(msg)
            if charset:
                content = content.decode(charset)
            print('%sText: %s' % ('  ' * indent, content + '...'))
        else:
            print('%sAttachment: %s' % ('  ' * indent, content_type))
```

14.2.2 轉換郵件編碼

郵件的主題或內容中包含的名字都是經過編碼的，想要正常顯示，就必須解
碼，程式碼如下所示：

```
def decode_str(s):
    value, charset = decode_header(s)[0]
    if charset:
        value = value.decode(charset)
    return value
```

decode_header() 函數用於返回一個串列清單，因為欄位可能包含多個郵寄地
址，所以會解析出來多個元素，這裡就取第一個最重要的郵寄地址。

此外，文字郵件的內容也是字串，也需要檢測編碼，否則，非 UTF-8 編碼的郵
件無法正常顯示，程式碼如下所示：

```
def guess_charset(msg):
    charset = msg.get_charset()
    if charset is None:
        content_type = msg.get('Content-Type', '').lower()
        pos = content_type.find('charset=')
        if pos >= 0:
            charset = content_type[pos + 8:].strip()
    return charset
```

14.3　獲取郵件小結

利用 Python 的 poplib 模組獲取郵件分為兩個步驟：第一步，使用 POP3 協定把郵件獲取到本機；第二步，使用 email 模組把原始郵件解析為 Message 物件，然後把郵件內容展示給使用者。

為了讓使用者更貼近實際工作需要，下面整理了幾種常用信箱獲取郵件的方法，包括 126 信箱、QQ 信箱、Sina 信箱、Hotmail 信箱。

14.3.1　獲取 126 信箱中的郵件

下面嘗試收取一封郵件，這裡使用的是 126 信箱。首先需要向 126 信箱發送一封郵件，然後用瀏覽器登錄信箱，核查一下郵件是否被接收。使用 Python 程式獲取郵件，程式碼如下所示：

```python
import poplib
from email.parser import Parser
from email.header import decode_header
from email.utils import parseaddr

#輸入郵寄地址、密碼和 POP3 伺服器位址
email = 'acwgp@126.com'
password = 'ACVPPZBDVTHQNXMU'
pop3_server = 'pop.126.com'

#連接到 POP3 伺服器
server = poplib.POP3_SSL(pop3_server)
#打開或關閉除錯資訊
server.set_debuglevel(1)

#身份認證
server.user(email)
server.pass_(password)

#返回所有郵件的編號
resp, mails, octets = server.list()
#查看返回的列表
print(mails)

#獲取一封最新的郵件
index = len(mails)
resp, lines, octets = server.retr(index)

#獲得整個郵件的原始內容
msg_content = b'\r\n'.join(lines).decode('utf-8')
msg = Parser().parsestr(msg_content)
```

```python
#郵件主題解碼
def guess_charset(msg):
    charset = msg.get_charset()
    if charset is None:
        content_type = msg.get('Content-Type', '').lower()
        pos = content_type.find('charset=')
        if pos >= 0:
            charset = content_type[pos + 8:].strip()
    return charset

#郵件內容解碼
def decode_str(s):
    value, charset = decode_header(s)[0]
    if charset:
        value = value.decode(charset)
    return value

#輸出郵件資訊
def print_info(msg, indent=0):
    if indent == 0:
        for header in ['From', 'To', 'Subject']:
            value = msg.get(header, '')
            if value:
                if header=='Subject':
                    value = decode_str(value)
                else:
                    hdr, addr = parseaddr(value)
                    name = decode_str(hdr)
                    value = u'%s <%s>' % (name, addr)
            print('%s%s: %s' % ('  ' * indent, header, value))
    if (msg.is_multipart()):
        parts = msg.get_payload()
        for n, part in enumerate(parts):
            print('%spart %s' % ('  ' * indent, n))
            print('%s--------------------' % ('  ' * indent))
            print_info(part, indent + 1)
    else:
        content_type = msg.get_content_type()
        if content_type=='text/plain' or content_type=='text/html':
            content = msg.get_payload(decode=True)
            charset = guess_charset(msg)
            if charset:
                content = content.decode(charset)
            print('%sText: %s' % ('  ' * indent, content + '...'))
        else:
            print('%sAttachment: %s' % ('  ' * indent, content_type))

#解析郵件內容
print_info(msg)

#關閉連接
server.quit()
```

- 308 -

執行上述程式碼，獲取 126 信箱郵件的輸出結果大致像下面這般。

```
*cmd* 'USER acwgp@126.com'
*cmd* 'PASS ACVPPZBDVTHQNXMU'
*cmd* 'LIST'
[b'1 3150', b'2 3416', b'3 1796']
*cmd* 'RETR 3'
From: wren <acwgp@126.com>
To:  <1298997509@qq.com>
Subject: 客戶留存率資料
part 0
--------------------
  Text: 你好，

    本周新增客戶 590 人，流失客戶 318 人，留存率為 25.88%。...
part 1
--------------------
  Text: <div style="line-height:1.7;color:#000000;font-size:14px;font-
family:Arial"><p style="margin: 0;">你好，</p><div id="isForwardContent">
<div><div><br></div><div>    本周新增客戶 590 人，流失客戶 318 人，留存率為
25.88%。</div></div></div></div><br><br><span title="neteasefooter">
<p> </p></span>...
*cmd* 'QUIT'
b'+OK core mail'
```

14.3.2　獲取 QQ 信箱中的郵件

獲取 QQ 信箱郵件內容的方法與獲取 126 信箱郵件內容的方法很類似，其實作
程式碼如下所示：

```
import poplib
from email.parser import Parser
from email.header import decode_header
from email.utils import parseaddr

#輸入郵寄地址、密碼和 POP3 伺服器位址
email = '1298997509@qq.com'
password = 'tlpbuhoualoxfhcd'
pop3_server = 'pop.qq.com'

#連接到 POP3 伺服器
server = poplib.POP3_SSL(pop3_server)
#打開或關閉除錯資訊
server.set_debuglevel(1)

#身份認證
server.user(email)
server.pass_(password)

#返回所有郵件的編號
resp, mails, octets = server.list()
```

```python
#查看返回的列表
print(mails)

#獲取一封最新的郵件
index = len(mails)
resp, lines, octets = server.retr(index)

#獲得整個郵件的原始內容
msg_content = b'\r\n'.join(lines).decode('utf-8')
msg = Parser().parsestr(msg_content)

#郵件主題解碼
def guess_charset(msg):
    charset = msg.get_charset()
    if charset is None:
        content_type = msg.get('Content-Type', '').lower()
        pos = content_type.find('charset=')
        if pos >= 0:
            charset = content_type[pos + 8:].strip()
    return charset

#郵件內容解碼
def decode_str(s):
    value, charset = decode_header(s)[0]
    if charset:
        value = value.decode(charset)
    return value

#輸出郵件資訊
def print_info(msg, indent=0):
    if indent == 0:
        for header in ['From', 'To', 'Subject']:
            value = msg.get(header, '')
            if value:
                if header=='Subject':
                    value = decode_str(value)
                else:
                    hdr, addr = parseaddr(value)
                    name = decode_str(hdr)
                    value = u'%s <%s>' % (name, addr)
                print('%s%s: %s' % ('  ' * indent, header, value))
    if (msg.is_multipart()):
        parts = msg.get_payload()
        for n, part in enumerate(parts):
            print('%spart %s' % ('  ' * indent, n))
            print('%s--------------------' % ('  ' * indent))
            print_info(part, indent + 1)
    else:
        content_type = msg.get_content_type()
        if content_type=='text/plain' or content_type=='text/html':
            content = msg.get_payload(decode=True)
            charset = guess_charset(msg)
            if charset:
                content = content.decode(charset)
            print('%sText: %s' % ('  ' * indent, content + '...'))
```

```
        else:
            print('%sAttachment: %s' % ('  ' * indent, content_type))

#解析郵件內容
print_info(msg)

#關閉連接
server.quit()
```

執行上述程式碼，獲取 QQ 信箱郵件的輸出結果如下所示。

```
*cmd* 'USER 1298997509@qq.com'
*cmd* 'PASS tlpbuhoualoxfhcd'
*cmd* 'LIST'
[b'1 2339', b'2 2375', b'3 2373', b'4 2434', b'5 2384', b'6 3591']
*cmd* 'RETR 6'
From: wren <acwgp@126.com>
To:  <1298997509@qq.com>
Subject: 客戶留存率資料
part 0
-------------------
  Text: 你好，

    本周新增客戶 590 人，流失客戶 318 人，留存率為 25.88%。...
part 1
-------------------
  Text: <div style="line-height:1.7;color:#000000;font-size:14px;font-
family:Arial"><p style="margin: 0;">你好，</p><div id="isForwardContent">
<div><div><br></div><div>    本周新增客戶 590 人，流失客戶 318 人，留存率為
25.88%。</div></div></div></div><br><br><span title="neteasefooter">
<p> </p></span>...
*cmd* 'QUIT'
b'+OK Bye'
```

14.3.3　獲取 Sina 信箱中的郵件

獲取 Sina 信箱郵件內容的方法與獲取 126 信箱郵件內容的方法基本類似，程式碼如下所示：

```
import poplib
from email.parser import Parser
from email.header import decode_header
from email.utils import parseaddr

#輸入郵寄位址、密碼和 POP3 伺服器位址
email = 'shanghaiwren1@sina.com'
password = '8317a6d0fd2b1634'
pop3_server = 'pop.sina.com'

#連接到 POP3 伺服器
```

```
server = poplib.POP3_SSL(pop3_server)
#打開或關閉除錯資訊
server.set_debuglevel(1)

#身份認證
server.user(email)
server.pass_(password)

#返回所有郵件的編號
resp, mails, octets = server.list()
#查看返回的列表
print(mails)

#獲取一封最新的郵件
index = len(mails)
resp, lines, octets = server.retr(index)

#獲得整個郵件的原始內容
msg_content = b'\r\n'.join(lines).decode('utf-8')
msg = Parser().parsestr(msg_content)

#郵件主題解碼
def guess_charset(msg):
    charset = msg.get_charset()
    if charset is None:
        content_type = msg.get('Content-Type', '').lower()
        pos = content_type.find('charset=')
        if pos >= 0:
            charset = content_type[pos + 8:].strip()
    return charset

#郵件內容解碼
def decode_str(s):
    value, charset = decode_header(s)[0]
    if charset:
        value = value.decode(charset)
    return value

#輸出郵件資訊
def print_info(msg, indent=0):
    if indent == 0:
        for header in ['From', 'To', 'Subject']:
            value = msg.get(header, '')
            if value:
                if header=='Subject':
                    value = decode_str(value)
                else:
                    hdr, addr = parseaddr(value)
                    name = decode_str(hdr)
                    value = u'%s <%s>' % (name, addr)
                print('%s%s: %s' % ('  ' * indent, header, value))
    if (msg.is_multipart()):
        parts = msg.get_payload()
        for n, part in enumerate(parts):
            print('%spart %s' % ('  ' * indent, n))
```

```
                print('%s--------------------' % ('  ' * indent))
                print_info(part, indent + 1)
        else:
            content_type = msg.get_content_type()
            if content_type=='text/plain' or content_type=='text/html':
                content = msg.get_payload(decode=True)
                charset = guess_charset(msg)
                if charset:
                    content = content.decode(charset)
                print('%sText: %s' % ('  ' * indent, content + '...'))
            else:
                print('%sAttachment: %s' % ('  ' * indent, content_type))

#解析郵件內容
print_info(msg)

#關閉連接
server.quit()
```

執行上述程式碼，獲取 Sina 信箱郵件的輸出結果如下所示。

```
*cmd* 'USER shanghaiwren1@sina.com'
*cmd* 'PASS 8317a6d0fd2b1634'
*cmd* 'LIST'
[b'1 7196', b'2 2928']
*cmd* 'RETR 2'
From: wren <acwgp@126.com>
To:  <1298997509@qq.com>
Subject: 客戶留存率資料
part 0
--------------------
  Text: 你好，

    本周新增客戶 590 人，流失客戶 318 人，留存率為 25.88%。...
part 1
--------------------
  Text: <div style="line-height:1.7;color:#000000;font-size:14px;font-
family:Arial"><p style="margin: 0;">你好，</p><div id="isForwardContent">
<div><div><br></div><div>    本周新增客戶 590 人，流失客戶 318 人，留存率為
25.88%。</div></div></div></div><br><br><span title="neteasefooter">
<p> </p></span>...
*cmd* 'QUIT'
b'+OK sina mail see you next time'
```

14.3.4　獲取 Hotmail 信箱中的郵件

獲取 Hotmail 信箱郵件內容的方法與獲取 126 信箱郵件內容的方法也很相似，
其實作的程式碼如下所示：

```
import poplib
from email.parser import Parser
from email.header import decode_header
```

```python
from email.utils import parseaddr

#輸入郵寄地址、密碼和 POP3 伺服器位址
email = 'shanghaiwren2017@hotmail.com'
password = 'wangGuoping2014'
pop3_server = 'outlook.office365.com'

#連接到 POP3 伺服器
server = poplib.POP3_SSL(pop3_server)
#打開或關閉除錯資訊
server.set_debuglevel(1)

#身份認證
server.user(email)
server.pass_(password)

#返回所有郵件的編號
resp, mails, octets = server.list()
#查看返回的列表
print(mails)

#獲取一封最新的郵件
index = len(mails)
resp, lines, octets = server.retr(index)

#獲得整個郵件的原始內容
msg_content = b'\r\n'.join(lines).decode('utf-8')
msg = Parser().parsestr(msg_content)

#郵件主題解碼
def guess_charset(msg):
    charset = msg.get_charset()
    if charset is None:
        content_type = msg.get('Content-Type', '').lower()
        pos = content_type.find('charset=')
        if pos >= 0:
            charset = content_type[pos + 8:].strip()
    return charset

#郵件內容解碼
def decode_str(s):
    value, charset = decode_header(s)[0]
    if charset:
        value = value.decode(charset)
    return value

#輸出郵件資訊
def print_info(msg, indent=0):
    if indent == 0:
        for header in ['From', 'To', 'Subject']:
            value = msg.get(header, '')
            if value:
                if header=='Subject':
                    value = decode_str(value)
                else:
```

```
                        hdr, addr = parseaddr(value)
                        name = decode_str(hdr)
                        value = u'%s <%s>' % (name, addr)
                print('%s%s: %s' % ('  ' * indent, header, value))
        if (msg.is_multipart()):
            parts = msg.get_payload()
            for n, part in enumerate(parts):
                print('%spart %s' % ('  ' * indent, n))
                print('%s--------------------' % ('  ' * indent))
                print_info(part, indent + 1)
        else:
            content_type = msg.get_content_type()
            if content_type=='text/plain' or content_type=='text/html':
                content = msg.get_payload(decode=True)
                charset = guess_charset(msg)
                if charset:
                    content = content.decode(charset)
                print('%sText: %s' % ('  ' * indent, content + '...'))
            else:
                print('%sAttachment: %s' % ('  ' * indent, content_type))

#解析郵件內容
print_info(msg)

#關閉連接
server.quit()
```

執行上述程式碼，獲取 Hotmail 信箱郵件的輸出結果如下所示。

```
*cmd* 'USER shanghaiwren2017@hotmail.com'
*cmd* 'PASS wangGuoping2014'
*cmd* 'LIST'
[b'1 23319', b'2 46270']
*cmd* 'RETR 2'
From: wren <acwgp@126.com>
To:  <1298997509@qq.com>
Subject: 客戶留存率資料
part 0
--------------------
  Text: 你好，

    本周新增客戶 590 人，流失客戶 318 人，留存率為25.88%。...
part 1
--------------------
  Text: <meta http-equiv="Content-Type" content="text/html; charset=
gb2312"><div style="line-height:1.7;color:#000000;font-size:14px;font-
family:Arial"><p style="margin: 0;">你好，</p><div id="isForwardContent">
<div><div><br></div><div>    本周新增客戶 590 人，流失客戶 318 人，留存率為
25.88%。</div></div></div></div><br><br><span title="neteasefooter">
<p> </p></span>...
*cmd* 'QUIT'
b'+OK Microsoft Exchange Server POP3 server signing off.'
```

14.4 上機實作題

練習：首先向自己的 QQ 信箱發送一封郵件，然後利用 Python 獲取這封郵件的內容。

提示：

請參考下載之本書隨附相關檔案中 ch14 目錄內的「14-上機實作題.ipynb」參考答案。

第 15 章
利用 Python 自動發送
電商會員郵件

會員郵件行銷是海外市場行銷中的一個重要行銷管道,具有遠超過社群媒體行銷的高點擊率、高轉化率和高資本回報率等特點。企業商品的推送基本上是可以透過郵件訂閱來達成的。

本章將以某電商平台為例,介紹如何利用 Python 自動發送電商會員郵件。

15.1　電商會員郵件行銷

15.1.1　會員郵件行銷

電商平台常常需要把打折、促銷、新品等資訊及時地傳遞給會員。目前其對會員的行銷方式主要有兩種:一種是簡訊,另一種是郵件。哪一種行銷方式更加有效呢?

和簡訊方式相比,郵件方式有幾大優勢:一是郵件可以傳達的資訊更多、更豐富。郵件可以包含廣告圖片和文字,可以圖文並茂地展示資訊,而簡訊只支援文字,且對字數有一定的限制。二是發送郵件的成本更低。主流的郵件群發平台,根據發送量的不同,發送一封郵件的價格比發送一條簡訊的價格低一些。三是主流的郵件群發平台都有郵件追蹤功能,客戶打開、按一下的資料都能即時追蹤,可以幫助電商企業更好地鎖定具有高意向的客戶。

15.1.2　提高郵件的發送率

提高郵件發送率的技巧包括:關注訂閱者、清洗郵寄清單、提供適當的內容、重複測試實驗、追蹤發送效果、聘用服務商。

15.2　提取未付費的會員資料

15.2.1　整理電商會員資料

表 15-1 為用來記錄電商會員會費支付情況的表格。

表 15-1　「會員表.xlsx」表格

member	E-mail	Jul	Aug	Sep	Oct	Nov	Dec
Chen Lei	12989****@qq.com	paid	paid	paid	paid	paid	
Tang Ning	shanghai****@126.com	paid	paid	paid	paid	paid	paid
Xue Ting	shanghai****@hotmail.com	paid	paid	paid	paid	paid	

該試算表中包含會員的姓名和電子郵寄地址。每個月有一欄資料,記錄會員的付款狀態。在會員交納會費後,對應的儲存格就記為 paid。

透過呼叫 max_column() 方法，找到最近一個月的欄，程式碼如下所示：

```python
import openpyxl, smtplib, sys

#打開「會員表.xlsx」檔並獲取最新的會費狀態
wb = openpyxl.load_workbook('會員表.xlsx')
sheet = wb['Sheet1']
lastCol = sheet.max_column
Month = sheet.cell(row=1, column=lastCol).value
```

匯入 openpyxl、smtplib 和 sys 模組後，打開「會員表.xlsx」檔，將得到的 workbook 物件存放到 wb 變數中。然後獲取 Sheet1，將得到的 workbook 物件儲存在 sheet 變數內。我們將最後一欄儲存在 lastCol 變數中，然後用列號 1 和 lastCol 變數來存取記錄最近月份的儲存格，獲取該儲存格中的值，並儲存在 Month 變數中。

15.2.2　讀取未付費會員的資訊

一旦確定了最近一個月的欄數，就可以用迴圈來遍訪所有列，看看哪些會員在該月付費了。如果會員沒有支付會費，就可以從欄 1 和欄 2 中分別獲取該會員的姓名和電子郵寄地址。這些資訊將會被放入 unpaid 字典，其中記錄最近一個月沒有交納會費的所有會員，程式碼如下所示：

```python
import openpyxl, smtplib, sys

#打開「會員表.xlsx」檔並獲取最新的會費狀態
wb = openpyxl.load_workbook('會員表.xlsx')
sheet = wb['Sheet1']
lastCol = sheet.max_column
Month = sheet.cell(row=1, column=lastCol).value

#查看每個會員交納會費的狀態
unpaid = {}
for r in range(2, sheet.max_row + 1):
    payment = sheet.cell(row=r, column=Col).value
    if payment != 'paid':
        name = sheet.cell(row=r, column=1).value
        email = sheet.cell(row=r, column=2).value
        unpaid[name] = email
```

這段程式碼設定了一個空字典 unpaid，然後用迴圈遍訪所有的列。對於每一列，將最近月份的值儲存在 payment 中。如果 payment 的值不等於「paid」，則將第 1 列的值儲存在 name 中，第 2 欄的值儲存在 email 中，將 name 和 email 新增到 unpaid 字典中。

15.3 發送自訂郵件提醒

15.3.1 建立 SMTP 物件

得到所有未交納會費會員的名單後，就可以向他們發送電子郵件提醒。將下面的程式碼新增到程式中，但是要填寫真實的電子郵寄地址和提供商的資訊，程式碼如下所示：

```python
import openpyxl, smtplib, sys

#打開「會員表.xlsx」檔並獲取最新的會費狀態
wb = openpyxl.load_workbook('會員表.xlsx')
sheet = wb['Sheet1']
lastCol = sheet.max_column
Month = sheet.cell(row=1, column=lastCol).value

#查看每個會員交納會費的狀態
unpaid = {}
for r in range(2, sheet.max_row + 1):
    payment = sheet.cell(row=r, column=Col).value
    if payment != 'paid':
        name = sheet.cell(row=r, column=1).value
        email = sheet.cell(row=r, column=2).value
        unpaid[name] = email

#登錄電子信箱帳戶
smtpObj = smtplib.SMTP('smtp.qq.com')
smtpObj.ehlo()
smtpObj.starttls()
smtpObj.login('1***@qq.com','tlpb************')  #填寫使用者名和授權密碼
```

程式呼叫 SMTP() 方法並傳入提供商的網域名稱和埠號，然後建立一個 SMTP 物件，呼叫 ehlo() 方法、starttls() 方法和 login() 方法，並傳入自己的電子信箱和授權密碼。

15.3.2 發送自訂郵件資訊

程式登錄到電子信箱帳戶後，就會遍訪 unpaid 字典，向每個會員的電子信箱位址發送針對個人的電子郵件，程式碼如下所示：

```python
import openpyxl, smtplib, sys

#打開「會員表.xlsx」檔並獲取最新的會費狀態
wb = openpyxl.load_workbook('會員表.xlsx')
```

```
sheet = wb['Sheet1']
lastCol = sheet.max_column
Month = sheet.cell(row=1, column=lastCol).value

#查看每個會員交納會費的狀態
unpaid = {}
for r in range(2, sheet.max_row + 1):
    payment = sheet.cell(row=r, column=Col).value
    if payment != 'paid':
        name = sheet.cell(row=r, column=1).value
        email = sheet.cell(row=r, column=2).value
        unpaid[name] = email

#登錄電子信箱帳戶
smtpObj = smtplib.SMTP('smtp.qq.com')
smtpObj.ehlo()
smtpObj.starttls()
smtpObj.login('1***@qq.com','tlpb***********')   #填寫使用者帳號和授權密碼

#發送提醒電子郵件
for name, email in unpaid.items():
    body = r'Subject:Dear %s. You have unpaid ** dues for %s. Please make
              this payment as soon as possible. Thank you!' % (name, Month)
    print('發送郵件給：%s 提醒%s 付費。' % (email, name))
    sendmailStatus = smtpObj.sendmail('1298997509@qq.com', email, body)

    if sendmailStatus != {}:
        print('發送郵件時出現問題 %s: %s' % (email, sendmailStatus))

smtpObj.quit()
```

程式碼輸出結果如下所示。

```
發送郵件給：1298997509@qq.com 提醒 Chen Lei 付費。
發送郵件給：shanghaiwren2017@hotmail.com 提醒 Xue Ting 付費。
(221, b'Bye.')
```

執行上述程式，可以看到發送郵件的具體情況。程式使用迴圈遍訪 unpaid 字典中的姓名和電子郵件。對於每位沒有交納會費的會員，我們用最新的月份和會員的名稱自訂了一條訊息，並儲存在 body 中。之後列印輸出，表示正在向這個會員的電子信箱位址發送電子郵件。然後呼叫 sendmail() 方法，向它傳入位址和自訂的訊息。返回值被儲存在 sendmailStatus 中。程式完成發送所有電子郵件後，呼叫 quit() 方法，與 SMTP 伺服器斷開連接。

執行上述程式，未交納會費的會員信箱將會收到一封郵件，其內容如下所示。

```
Dear Chen Lei. You have unpaid ** dues for Dec. Please make this payment as soon as
possible. Thank you!
```

15.4　發送自訂簡訊提醒

15.4.1　註冊 Twilio 帳號

對大多數人來說，使用手機發送資訊比使用電腦發送資訊要方便得多，所以與電子郵件相比，簡訊發送通知可能更直接、更可靠。此外，簡訊的長度較短，人們閱讀簡訊的機率會更高。本節將介紹如何註冊免費的 Twilio 帳號，並利用它的 Python 模組發送簡訊。

Twilio 是一個 SMS 閘道服務，這意味著它是一種服務，使用者可以透過程式發送簡訊。雖然每月發送簡訊的數量會有限制，並且要在文字前面加上「Sent from a Twilio trial account」，但這項試用服務也許能夠滿足你的個人需要。在註冊 Twilio 帳戶之前，先安裝 twilio 模組。

存取 Twilio 的官方網站填寫註冊表單。在註冊了新帳戶後，需要驗證一個手機號碼，將簡訊發給該手機號碼。當收到驗證號碼簡訊後，在 Twilio 網站上輸入驗證號碼，證明你是該手機號碼的使用者。

Twilio 提供的試用帳戶包括一個電話號碼，它將作為簡訊的發送者。還有 ACCOUNT SID 和 AUTH TOKEN，它們將作為 Twilio 帳戶的使用者名和密碼，如圖 15-1 所示。

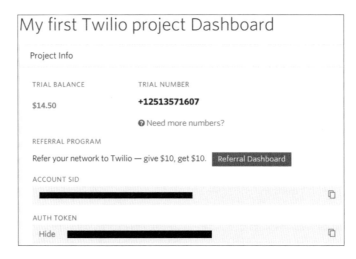

圖 15-1　註冊 Twilio 帳戶

15.4.2　發送自訂簡訊

當安裝了 twilio 模組、註冊了 Twilio 帳號、驗證了手機號碼後，就可以發送自訂簡訊了，程式碼如下所示：

```python
from twilio.rest import Client
#你的 account_sid 和 auth_toker
account_sid = "AC6092185eb06f094b531bb501a9319f28"
auth_token  = "d50271bb38b54a7aa8f37c4b84edc4d1"

client = Client(account_sid, auth_token)
message = client.messages.create(
    to="+86 15121048564",
    from_="+12513571607",
    body="Hello from Python!")

print(message.sid)
```

程式碼輸出簡訊的唯一值，如下所示。

```
SMfb2da5a1e6a14d35885cd5826c0858fd
```

執行上述程式碼後，將會向對應的手機發送一條簡訊，具體內容如下所示。

```
Sent from your Twilio trial account - Hello from Python!
```

在上述程式碼中，client() 方法呼叫可以返回一個 Client 物件。該物件有一個 message 屬性，該屬性中又有一個 create() 方法，可以用來發送簡訊。create() 方法返回的 Message 物件將包含已發送簡訊的相關資訊，包括簡訊的接收人，其程式碼是：

```
message.to                #簡訊的接收人
```

程式碼輸出結果如下所示。

```
'+8615121048564'
```

發送人的程式碼是：

```
message.from_             #簡訊的發送人
```

程式碼輸出結果如下所示。

```
'+12513571607'
```

簡訊內容的程式碼是：

```
message.body              #簡訊的內容
```

程式碼輸出結果如下所示。

```
'Sent from your Twilio trial account - Hello from Python!'
```

狀態的程式碼是：

```
message.status           #簡訊的狀態
```

程式碼輸出結果如下所示。

```
'queued'
```

發送時間的程式碼是：

```
message.date_created     #簡訊的發送時間
```

程式碼輸出結果如下所示。

```
datetime.datetime(2020, 12, 10, 8, 18, 2, tzinfo=<UTC>)
```

唯一值的程式碼是：

```
message.sid              #簡訊的唯一值
```

程式碼輸出結果如下所示。

```
'SMfb2da5a1e6a14d35885cd5826c0858fd'
```

15.5　上機實作題

練習：向已經交納會費的電商會員的手機號碼發送一條簡訊，感謝他們準時交納會費。

提示：
請參考下載之本書隨附相關檔案中 ch15 目錄內的「15-上機實作題.ipynb」。

第 6 篇
檔案自動化處理篇

第 16 章
利用 Python 進行檔案自動化處理

在日常辦公的過程中，我們可能需要在成百上千個檔案中搜尋某一個檔案或資料夾，也可能需要複製、更名、移動或壓縮一定數量的檔案。

上述重複性和機械性的任務，完全可以借助 Python 程式來進行自動化處理，這樣既可以減少人力成本，還可以降低出錯機率。

16.1　檔案和資料夾的基礎操作

16.1.1　複製檔案和資料夾

shutil 模組提供了一些函數，用於複製檔案和資料夾。呼叫 shutil.copy(source, destination) 函數，可以將路徑 source 處的檔案複製到路徑 destination 處的資料夾中。如果 destination 是一個檔案名稱，則它將作為被複製檔案的新名字。該函數返回一個字串，表示被複製檔案的路徑，程式碼如下所示：

```
import shutil, os
os.chdir(r'F:\Python+office-samples\ch16')
shutil.copy('10 月份員工考核.csv', '員工考核資料')
shutil.copy('10 月份員工考核.csv', '員工考核資料\員工考核_10 月.csv')
```

程式碼輸出結果如下所示。

```
'員工考核資料\\員工考核_10 月.csv'
```

第 1 個 shutil.copy() 函數呼叫是將「10 月份員工考核.csv」檔複製到「員工考核資料」資料夾中，返回值是剛剛被複製的檔案的路徑。第 2 個 shutil.copy() 函數呼叫也是將「10 月份員工考核.csv」檔複製到「員工考核資料」資料夾中，但為新檔提供了一個新的名字「員工考核_10 月.csv」。

上面介紹的 shutil.copy() 函數是複製一個檔案，那麼資料夾如何被複製呢？在 Python 中，我們可以使用 shutil.copytree() 函數複製整個資料夾，包含資料夾中的子資料夾和子檔案。

呼叫 shutil.copytree(source,destination) 函數，將路徑 source 處的資料夾，包括它的所有子檔案和子資料夾，複製到路徑 destination 處的資料夾中。source 和 destination 參數都是字串。該函數返回一個字串，即新複製的資料夾的路徑，程式碼如下所示：

```
import shutil, os
os.chdir(r'F:\Python+office-samples\ch16')
shutil.copytree('10 月份員工考核', '10 月員工考核_備份')
```

程式碼輸出結果如下所示。

```
'10 月份員工考核_備份'
```

shutil.copytree() 函式呼叫建立了一個新資料夾，名為「10 月員工考核_備份」，其中的內容與原來的「10 月份員工考核」資料夾中的內容一樣。

16.1.2　移動檔案和資料夾

呼叫 shutil.move(source,destination) 函數，可以將路徑 source 處的資料夾移動到路徑 destination 處，並返回新位置絕對路徑的字串。如果 destination 指向一個資料夾，則 source 檔將移動到 destination 中，並保持原來的檔案名稱，程式碼如下所示：

```
import shutil
shutil.move('10 月份員工考核.csv', 'F:\Python+office-samples\ch16\員工考核匯總')
```

程式碼輸出結果如下所示。

```
'F:\\Python+office-samples\\ch16\\員工考核匯總\\10 月份員工考核.csv'
```

假設在目前工作目錄中已存在一個名為「員工考核匯總」的資料夾，shutil.move() 函數的呼叫就是把「10 月員工考核.csv」檔移動到「員工考核匯總」資料夾中。如果在「員工考核匯總」資料夾中已經存在一個「10 月員工考核.csv」檔，則它就會被覆蓋過去。因為使用這種方式很容易在不知不覺中覆蓋了檔案，所以使用 shutil.move() 函數時要小心注意。

destination 路徑也可以指定一個檔案名稱。在下面的案例中，source 檔案被移動並更改名字，程式碼如下所示：

```
import shutil
shutil.move('9 月份員工考核.csv', 'F:\Python+office-samples\ch16\員工考核資料\技術部
9 月份員工考核.csv')
```

程式碼輸出結果如下所示。

```
'F:\\Python+office-samples\\ch16\\技術部 9 月份員工考核.csv'
```

上述程式碼將「9 月份員工考核.csv」檔移動到「員工考核資料」資料夾之後，再將「9 月份員工考核.csv」檔案名更改為「技術部 9 月份員工考核.csv」。

前面兩個案例都是假設在目前工作目錄下有一個目的資料夾，如果沒有目的資料夾，則案例程式碼如下所示：

```
import shutil
shutil.move('8 月份員工考核.csv', 'F:\Python+office-samples\ch16\技術部員工考核')
```

程式碼輸出結果如下所示。

```
'F:\\Python+office-samples\\ch16\\技術部員工考核'
```

這裡，shutil.move() 函數在目前工作目錄下找不到名為「技術部員工考核」的資料夾，而 destination 指向的是一個檔案，而非資料夾，所以「8 月份員工考核.csv」檔案名被更改為「技術部員工考核」（沒有 .txt 副檔名的文字檔）。這個可能不是我們所期望的。在實際工作中可能會經常遇到上述問題，這也是在使用 shutil.move() 函數時需要注意的。

16.1.3　刪除檔案和資料夾

利用 os 模組中的函數，可以刪除一個檔案或一個空資料夾。但是利用 shutil 模組，可以刪除一個資料夾及其所有的內容。

- 呼叫 os.unlink(path) 函數將刪除 path 處的檔案。

- 呼叫 os.rmdir(path) 函數將刪除 path 處的資料夾。該資料夾為空，沒有檔案和資料夾。

- 呼叫 shutil.rmtree(path) 函數將刪除 path 處的資料夾，它包含的所有檔案和資料夾都會被刪除。

徹底刪除「6 月份員工考核」資料夾的程式碼如下所示：

```
import shutil
shutil.rmtree(r'F:\Python+office-samples\ch16\6 月份員工考核')
```

因為 Python 內建的 shutil.rmtree() 函數不能夠還原刪除的檔案和資料夾，所以用起來要小心。刪除檔案和資料夾最好的方法是使用第三方協力廠商開發的 send2trash 模組。

可以在終端視窗中執行「pip install send2trash」命令安裝 send2trash 模組。使用 send2trash 模組刪除檔案和資料夾，比使用一般的刪除函數要安全得多，因為它會將檔案和資料夾發送到電腦的資源回收筒，而不是永久刪除。如果因程式缺陷使用 send2trash 模組刪除了某些不想刪除的檔案或資料夾，則稍後可以從資源回收筒中還原。

例如，刪除「7 月份員工考核.csv」檔，程式碼如下所示：

```
import send2trash
send2trash.send2trash('7 月份員工考核.csv')
```

16.2　檔案的解壓縮操作

利用 zipfile 模組中的函數，Python 程式可以建立、打開和解壓縮 ZIP 檔。假設有一個名為「assessment for 8.zip」的壓縮檔。

16.2.1　讀取 ZIP 檔

想要讀取 ZIP 檔的內容，必須先建立一個 ZipFile 物件。ZipFile 物件的概念與 File 物件的概念相似，要建立一個 ZipFile 物件，需要呼叫 zipfile.ZipFile() 方法，向它傳入一個字串，表示 .zip 檔的檔案名稱。需要注意的是，zipfile 是 Python 模組的名稱，ZipFile 是方法的名稱。

例如，讀取一個名為「assessment for 8.zip」的壓縮檔，程式碼如下所示：

```
import zipfile, os
os.chdir(r'F:\Python+office-samples\ch16')
month_8 = zipfile.ZipFile('assessment for 8.zip')
print(month_8.namelist())
info = month_8.getinfo('assessment for 8/Technology.csv')
print(info.file_size)
print(info.compress_size)
month_8.close()
```

執行上述程式碼，讀取「assessment for 8.zip」壓縮檔的輸出結果如下所示。

```
['assessment for 8/Administration.csv', 'assessment for 8/Finance.csv', 'assessment
for 8/Marketing/', 'assessment for 8/Marketing/Marketing for 1.csv', 'assessment for
8/Marketing/Marketing for 2.csv', 'assessment for 8/Personnel.txt', 'assessment for
```

```
8/Technology.csv']
508
308
```

ZipFile 物件有一個 namelist() 方法，返回 ZIP 檔中包含的所有檔和資料夾的列表。這些字串可以被傳遞給 ZipFile 物件的 getinfo() 方法，返回一個關於特定檔案的 Getinfo 物件。Getinfo 物件有自己的屬性，如表示位元組數的 file_size 和 compress_size，它們分別表示原始檔案大小和壓縮後的檔案大小。

16.2.2 解壓縮 ZIP 檔

ZipFile 物件的 extractall() 方法從 ZIP 檔中解壓縮所有檔和資料夾，並放到目前工作目錄中。例如，解壓縮一個名為「assessment for 8.zip」的壓縮檔，程式碼如下所示：

```python
import zipfile, os
os.chdir(r'F:\Python+office-samples\ch16')
month_8 = zipfile.ZipFile('assessment for 8.zip')
month_8.extractall()
month_8.close()
```

執行上述程式碼後，「assessment for 8.zip」壓縮檔中的內容將被解壓縮到目前工作目錄下。也可以向 extractall() 方法傳遞一個資料夾的名稱，它將檔解壓縮到指定資料夾中，而不是目前工作目錄中。如果傳遞給 extractall() 方法的資料夾不存在，則它會被建立。

ZipFile 物件的 extract() 方法可以從 ZIP 檔中解壓縮單個檔案。例如，從壓縮檔中解壓縮一個名為「Technology.csv」的檔案，程式碼如下所示：

```python
import zipfile, os
os.chdir(r'F:\Python+office-samples\ch16')
month_8 = zipfile.ZipFile('assessment for 8.zip')
month_8.extract('assessment for 8/Technology.csv')
month_8.extract('assessment for 8/Technology.csv', 'F:\\')
month_8.close()
```

16.2.3　建立 ZIP 檔

想要建立 ZIP 檔，必須以「寫入模式」打開 ZipFile 物件，即傳入「w」作為第 2 個參數。如果向 ZipFile 物件的 write() 方法傳入一個路徑，Python 就會壓縮該路徑所指的檔案，並將它新增到 ZIP 檔中。write()方法的第 1 個參數是一個字串，表示要新增的檔案名稱。第 2 個參數是「壓縮類型」，表示使用什麼演算法來壓縮檔，可以將這個值設置為「zipfile.ZIP_DEFLATED」。

例如，建立一個名為「Technology.zip」的壓縮檔，程式碼如下所示：

```
import zipfile
Technology_8 = zipfile.ZipFile('Technology.zip', 'w')
Technology_8.write('Technology.csv', compress_type=zipfile.ZIP_DEFLATED)
Technology_8.close()
```

上述的程式碼將會建立一個新的 ZIP 檔，其名稱為「Technology.zip」，它包含「Technology.csv」壓縮後的內容。如果只是希望將檔新增到原始的 ZIP 檔中，就要向 zipfile.ZipFile() 方法傳入「a」當作為第 2 個參數，以新增模式來打開 ZIP 檔。

16.3　顯示目錄樹下的檔案名稱

假設「F:\Python+office-samples\ch16\ 8 月份員工考核」這個目錄下的檔案階層結構如下所示。

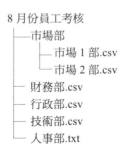

```
8 月份員工考核
├─市場部
│  ├─ 市場 1 部.csv
│  └─ 市場 2 部.csv
├─ 財務部.csv
├─ 行政部.csv
├─ 技術部.csv
└─ 人事部.txt
```

16.3.1　顯示指定目錄樹下檔案名稱

顯示指定目錄樹下檔案名稱。例如，顯示「8 月份員工考核」資料夾下的檔案名稱，程式碼如下所示：

```
import os

def fileInFolder(filepath):
    pathDir = os.listdir(filepath)   #獲取資料夾下的所有檔案
    files = []
    for allDir in pathDir:
        child = os.path.join('%s\\%s' % (filepath, allDir))
        files.append(child.encode('utf-8').decode('utf-8'))   #解決中文亂碼
    return files

filepath = r"F:\Python+office-samples\ch16\8 月份員工考核"
print(fileInFolder(filepath))
```

執行上述程式碼，顯示指定目錄樹下檔案名稱，輸出結果如下所示。

```
['F:\\Python+office-samples\\ch16\\8 月份員工考核\\人事部.txt', 'F:\\Python+office-
samples\\ch16\\8 月份員工考核\\市場部', 'F:\\Python+office-samples\\ch16\\8 月份員工
考核\\技術部.csv', 'F:\\Python+office-samples\\ch16\\8 月份員工考核\\行政部.csv',
'F:\\Python+office-samples\\ch16\\8 月份員工考核\\財務部.csv']
```

16.3.2 顯示目錄樹下檔案及子檔案名稱

顯示目錄樹下檔案及子檔案名稱。我們可以看到，在上述程式碼中「市場 1
部.csv」和「市場 2 部.csv」兩個子檔案沒有被顯示出來，下面要顯示目錄樹下
檔案及子檔案名稱，程式碼如下所示：

```
import os

def getfilelist(filepath):
    filelist = os.listdir(filepath)
    files = []
    for i in range(len(filelist)):
        child = os.path.join('%s\\%s' % (filepath, filelist[i]))
        if os.path.isdir(child):
            files.extend(getfilelist(child))
        else:
            files.append(child)
    return files

filepath = r"F:\Python+office-samples\ch16\8 月份員工考核"
print(getfilelist(filepath))
```

執行上述程式碼，顯示目錄樹下的檔案及子檔案名稱，輸出結果如下所示。

```
['F:\\Python+office-samples\\ch16\\8 月份員工考核\\人事部.txt', 'F:\\Python+office-
samples\\ch16\\8 月份員工考核\\市場部\\市場 1 部.csv', 'F:\\Python+office-
samples\\ch16\\8 月份員工考核\\市場部\\市場 2 部.csv', 'F:\\Python+office-
```

```
samples\\ch16\\8 月份員工考核\\技術部.csv', 'F:\\Python+office-samples\\ch16\\8 月
員工考核\\行政部.csv', 'F:\\Python+office-samples\\ch16\\8 月份員工考核\\財務部.csv']
```

我們可以看到，「8 月份員工考核」的非根目錄下的檔案都被顯示出來，如市場
部資料夾下的「市場 1 部.csv」檔和「市場 2 部.csv」檔。

16.4　修改目錄樹下的檔案名稱

16.4.1　修改所有類型檔案名稱

修改所有類型檔案名稱。例如，修改「9 月份員工考核」資料夾下的所有檔案
名稱，在檔名前面加上「9 月_」，程式碼如下所示：

```python
import os

def filesRename(filepath):
    filelist = os.listdir(filepath)  #獲取資料夾下的所有的檔案
    files = []
    for i in range(0,len(filelist)):
        child = os.path.join('%s\\%s' % (filepath, filelist[i]))
        if os.path.isdir(child):
            continue
        else:
            newName = os.path.join('%s\\%s' % (filepath,'9 月' + "_" +
                        filelist[i]))
            print(newName)
            os.rename(child, newName)

filepath = r"F:\Python+office-samples\ch16\9 月份員工考核"
filesRename(filepath)
```

執行上述程式碼，「9 月份員工考核」資料夾下的所有檔案名稱都被修改，輸出
結果如下所示。

```
F:\Python+office-samples\ch16\9 月份員工考核\9 月_人事部.txt
F:\Python+office-samples\ch16\9 月份員工考核\9 月_客服部.xlsx
F:\Python+office-samples\ch16\9 月份員工考核\9 月_技術部.csv
F:\Python+office-samples\ch16\9 月份員工考核\9 月_行政部.csv
F:\Python+office-samples\ch16\9 月份員工考核\9 月_財務部.csv
```

16.4.2　修改指定類型檔案名稱

修改指定類型檔案名稱。例如，只需要修改指定目錄 txt 和 xlsx 兩種格式的檔案名稱，在檔名後面加上「_10月」，程式碼如下所示：

```python
import re
import os
import time

def change_name(path):
    global i
    if not os.path.isdir(path) and not os.path.isfile(path):
        return False
    if os.path.isfile(path):
        file_path = os.path.split(path)          #分割出目錄與檔案
        lists = file_path[1].split('.')          #分割出檔案與副檔名
        file_ext = lists[-1]                     #取出副檔名
        img_ext = ['txt','xlsx']
        if file_ext in img_ext:
            os.rename(path,file_path[0]+'/'+lists[0]+'_10月.'+file_ext)
            i+=1
    elif os.path.isdir(path):
        for x in os.listdir(path):
            change_name(os.path.join(path,x))        #os.path.join()

img_dir = r'F:\Python+office-samples\ch16\10月份員工考核'
start = time.time()
i = 0
change_name(img_dir)
c = time.time() - start
print('處理了%s個檔案'%(i))
```

執行上述程式碼，顯示「處理了 2 個檔案」的資訊，打開「10月員工考核」資料夾，就可以看到指定類型檔的名稱已經被修改，如圖 16-1 所示。

圖 16-1　修改指定類型檔案名稱

16.5　合併目錄樹下的資料檔案

16.5.1　合併所有類型檔案中的資料

合併所有類型檔案中的資料。例如，在「10 月份員工考核」資料夾下有 4 個檔案，這 4 個檔有 txt 和 csv 兩種格式，合併這 4 個檔案中的資料，程式碼如下：

```python
import pandas as pd
import os
#刪除空資料夾
def traverse(filepath):
    #遍訪資料夾下的所有檔案，包括子目錄
    files = os.listdir(filepath)
    for fi in files:
        fi_d = os.path.join(filepath, fi)
        if os.path.isdir(fi_d):                  #判斷是否為資料夾
            if not os.listdir(fi_d):             #如果資料夾為空
                os.rmdir(fi_d)                   #刪除空資料夾
            else:
                traverse(fi_d)
        else:
            file = os.path.join(filepath, fi_d)
            if os.path.getsize(file) == 0:       #檔案大小為 0
                os.remove(file)                  #刪除檔案

#合併資料檔案
def get_file(path):                              #建立一個空的列表
    files = os.listdir(path)
    files.sort()                                 #排序
    list = []
    for file in files:
        if not os.path.isdir(path + file):       #判斷是否是一個資料夾
            f_name = str(file)
            tr = '\\'                            #加一個斜線
            filename = path + tr + f_name
            list.append(filename)
    return (list)

if __name__ == '__main__':
    path = r'F:\Python+office-samples\ch16\10 月份員工考核'
    traverse(path)
    list = get_file(path)
    for i in range(4):                           #表示讀取 4 個檔案
        df = pd.read_csv(list[i], sep=',')
        df.to_csv('10 月份員工考核.csv', mode='a', header=None)
```

執行上述程式碼，在目前工作目錄下會生成「10 月員工考核.csv」檔，直接以 Excel 打開該檔可能會出現亂碼，建議使用「記事本」打開該檔案。合併所有類型檔案中的資料，輸出結果如下所示。

```
0,N3000119875,女,21,本科,福建,2019/7/15,87
1,N3000112715,男,22,大專,雲南,2018/5/20,89
2,N3000113405,女,26,大專,西藏,2016/7/22,91
0,N3000112865,女,26,本科,北京,2017/3/26,87
1,N2000110995,男,22,大專,河北,2015/5/27,89
2,N2000110625,男,21,大專,山西,2018/9/29,91
0,N3000104645,女,23,本科,北京,2016/3/22,88
1,N3000112795,男,21,大專,河北,2017/3/26,89
2,N3000112855,男,20,大專,山西,2015/5/27,90
0,N2000112955,男,23,本科,山東,2019/8/15,89
1,N3000119745,男,26,大專,江蘇,2018/6/20,91
2,N3000119375,男,20,大專,江西,2015/2/27,85
```

16.5.2　合併指定類型檔案中的資料

合併指定類型檔案中的資料。例如，我們需要合併「10 月份員工考核」資料夾下格式為 csv 的兩個檔案中的資料，程式碼如下所示：

```
from glob import glob
files = sorted(glob('10 月份員工考核\*.csv'))
pd.concat((pd.read_csv(file) for file in files), ignore_index=True)
```

執行上述程式碼，合併指定類型檔案中的資料，輸出結果如下所示。

	員工工號	性別	年齡	學歷	籍貫	入職時間	考核評分
0	N3000112865	女	26	本科	北京	2017/3/26	87
1	N2000110995	男	22	大專	河北	2015/5/27	89
2	N2000110625	男	21	大專	山西	2018/9/29	91
3	N3000104645	女	23	本科	北京	2016/3/22	88
4	N3000112795	男	21	大專	河北	2017/3/26	89
5	N3000112855	男	20	大專	山西	2015/5/27	90

16.6　上機實作題

練習 1：合併「7 月份員工考核」資料夾下所有文字類型的資料檔案。

練習 2：將「可愛的小動物」資料夾下的所有圖檔名稱後面加上「_貓咪」。

提示：

請參考下載之本書隨附相關檔案中 ch16 目錄內的「16-上機實作題.ipynb」參考答案。

附錄

附錄 A
安裝 Python 3.10 版本及協力廠商的程式庫

本書中使用的 Python 是截至 2022 年 10 月的最新版本（Python 3.10.8），下面介紹其具體的安裝步驟，安裝環境是 Windows 10 家庭版 64 位元作業系統。

> **NOTE**
>
> Python 需要被安裝到電腦硬碟根目錄或英文路徑資料夾下，即安裝路徑不能有中文。

1）下載 Python 3.10.8 版本的安裝檔，官方網站的下載地址如圖 A-1 所示。

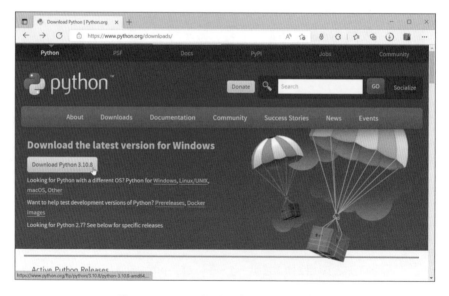

圖 A-1　Python 軟體的官方網站下載地址

2）以滑鼠右鍵點按「python-3.10.8-amd64.exe」檔，在彈出的快顯功能表中選擇「以系統管理員身份執行」命令，如圖 A-2 所示。

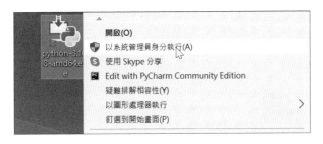

圖 A-2　選擇「以系統管理員身份執行」命令

3）勾選「Add Python 3.10 to PATH」核取方塊，然後按一下「Customize installation」選項，如圖 A-3 所示。

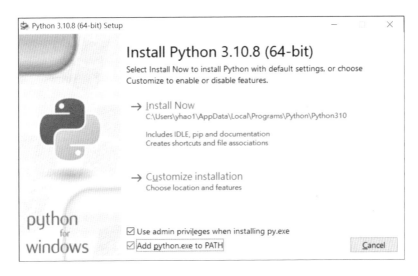

圖 A-3　按一下「Customize installation」

4）根據需要選擇自訂的選項，必須勾選「pip」核取方塊，其他核取方塊根據個人需求勾選，然後按一下「Next」按鈕，如圖 A-4 所示。

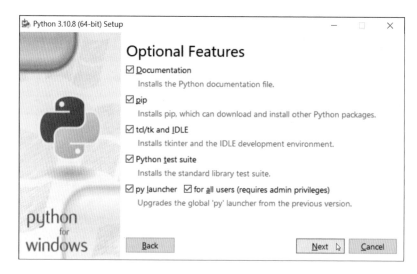

圖 A-4　按一下「Next」按鈕

5）選擇軟體的安裝位置，預設安裝在 C 磁碟，按一下「Browse」按鈕可以更改軟體的安裝目錄，然後按一下「Install」按鈕，如圖 A-5 所示。

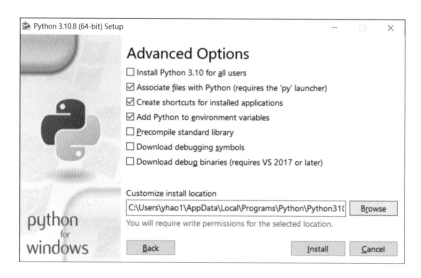

圖 A-5　選擇軟體的安裝位置

6）稍等片刻，會出現「Setup was successful」對話方塊，說明軟體正在被正常安裝，安裝完成後按一下「Close」按鈕，如圖 A-6 所示。

圖 A-6　按一下「Close」按鈕

7) 在命令提示字元中輸入「python」命令後，如果出現如圖 A-7 所示的資訊（Python 版本的資訊），則說明軟體安裝沒有問題，可以正常使用 Python。

圖 A-7　查看 Python 版本的資訊

8) 在 Python 中可以使用 pip 工具與 conda 工具安裝本書中的第三方協力廠商程式庫（NumPy、Pandas、Matplotlib、Python-docx、Python-pptx 等）。

9) 此外，如果在安裝資料視覺化套件中無法正常安裝，則可以下載最新版本的離線檔案再安裝，適用於 Python 擴充套件的非官方 Windows 二進位檔案的下載地址為：「https://www.lfd.uci.edu/~gohlke/pythonlibs/」，如圖 A-8 所示。

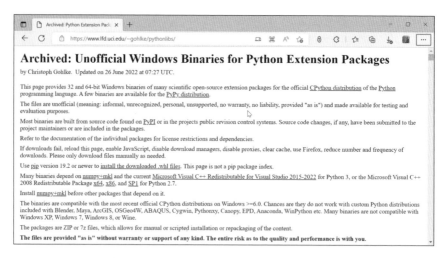

圖 A-8　非官方 Python 擴充套件的下載地址

附錄 B
Python 常用的第三方協力廠商工具套件簡介

B.1　資料分析的套件

1. Pandas

Python Data Analysis Library 或 Pandas 程式庫是以 NumPy 為基礎的一種工具，是為了解決資料分析任務而建立的。Pandas 納入了大量程式庫和一些標準的資料模型，提供了大量能讓使用者快速便捷處理資料的函數和方法。

Pandas 程式庫最初由 AQR Capital Management 於 2008 年 4 月開發，並於 2009 年底成為開放原始碼專案，目前由專注於 Python 資料套件開發的 PyData 開發團隊繼續開發和維護，屬於 PyData 專案的一部分。Pandas 程式庫最初被作為金融資料分析工具而開發出來，因此，Pandas 程式庫為時間序列分析提供了很好的支援，Pandas 程式庫的這個英文「名字」來源是「panel data」和「data analysis」縮寫結合。

Panda 程式庫的資料結構如下所述。

- Series：一維陣列，與 NumPy 中的一維 Array 類似。它們與 Python 基本的資料結構 List 也很相近，其區別是，List 中的元素可以是不同的資料型別，而 Array 和 Series 則只允許儲存相同的資料型別，這樣可以更有效地運用記憶體，提高運算效率。

- Time-Series：以時間為索引的 Series。

- DataFrame：二維表格型資料結構。很多功能與 R 語言中的 data.frame 功能類似，可以將其理解為 Series 的容器。

- Panel：三維陣列，可以理解為 DataFrame 的容器。

Pandas 程式庫有兩種獨有的基本資料結構。需要注意的是，雖然 Pandas 程式庫有兩種資料結構，但它依然是 Python 的一個程式庫，所以，Python 中的部分資料型別在這裡依然適用。使用者可使用自己定義的資料型別，Pandas 程式庫又定義了兩種資料型別：Series 和 DataFrame，它們使資料操作變得更加簡單。

2. NumPy

NumPy（Numeric Python）是高效能的科學運算和資料分析的基礎套件。它是 Python 的一種開放原始碼的數值運算擴充，提供了許多高階的數值程式設計工具，如矩陣資料型別、向量處理及精密的運算程式庫，專門為進行嚴謹的數值處理而生。

3. SciPy

SciPy 是一款方便、易於使用、專門為科學和工程設計的 Python 工具套件，可以處理插值、積分、最佳化、影像處理、常微分方程式數值的求解、信號處理等問題，用於有效計算 NumPy 矩陣，使 NumPy 和 SciPy 能夠協同工作，高效解決問題。

4. Statismodels

Statismodels 是一個 Python 模組，它提供了對許多不同統計模型估算的類別和函數，並且可以進行統計測試和統計資料的探索。另外，Statismodels 還提供了一些互補 SciPy 統計運算的功能，包括描述性統計、統計模型估計和推斷。

B.2 資料視覺化的套件

1. Matplotlib

Matplotlib 是一個 Python 的 2D 繪圖程式庫，它以各種硬拷貝格式和跨平臺的互動式環境生成出版品質級別的圖形。

Matplotlib 是 Python 2D 繪圖領域使用比較廣泛的程式庫，它能讓使用者很輕鬆地將資料視覺化、圖形化，並且提供了多樣化的輸出格式。

2. Pyecharts

Pyecharts 是一款將 Python 與 Echarts 進行結合的強大的資料視覺化工具。

3. Seaborn

Seaborn 是以 Matplotlib 為基礎的 Python 資料視覺化程式庫，它提供了更高層級的 API 封裝，用起來更方便、快捷，該模組是一個統計資料視覺化程式庫。

Seaborn 簡潔而強大，和 Pandas、NumPy 組合使用效果更佳。需要注意的是，Seaborn 並不是 Matplotlib 的代替品，很多時候仍然需要使用 Matplotlib。

B.3 機器學習的套件

1. Sklearn

Sklearn 是 Python 的重要機器學習程式庫，其中封裝了大量的機器學習演算法，如分類、迴歸、資料降維及聚類；還包含了監督學習、非監督學習、資料變換三大模組。Sklearn 擁有完善的說明文件，使得它具有上手容易的優勢；並且它還內建了大量的資料集，節省了獲取和整理資料集的時間。因而，使其成為廣泛應用的重要的機器學習程式庫。

Scikit-Learn 是以 Python 為基礎的機器學習模組，且以 BSD 為基礎的開放原始碼。Scikit-Learn 的基本功能主要分為 6 部分：分類、迴歸、聚類、資料降維、模型選擇、資料預處理。Scikit-Learn 中的機器學習模型非常豐富，包括

SVM、決策樹、GBDT、KNN 等，使用者可以根據問題的類型來選擇合適的模型來配合。

2. Keras

高階神經網路開發程式庫可以執行在 TensorFlow 或 Theano 上，以 Python 為基礎的深度學習程式庫 Keras 是一個高層神經網路 API，Keras 由純 Python 編寫而成並以 Tensorflow、Theano 及 CNTK 後端為基礎。Keras 為支援快速實驗而生，能夠把使用者的想法迅速轉換為結果。如果使用者有如下需求，則請選擇 Keras：簡易和快速的原型設計（Keras 具有高度模組化、極簡和可擴充特性）支援 CNN 和 RNN，或者兩者的結合，達成 CPU 和 GPU 之間的無縫切換。

TensorFlow、Theano 及 Keras 都是深度學習框架，TensorFlow 和 Theano 比較靈活，也比較難學，它們其實就是一個微分器。Keras 其實是 TensorFlow 和 Theano 的介面（Keras 作為前端，TensorFlow 或 Theano 作為後端），Keras 很有彈性，且比較容易學習。我們可以把 Keras 看作 TensorFlow 封裝後的一個 API。Keras 是一個用於快速構建深度學習原型的高階程式庫。目前，Keras 支援兩種後端框架：TensorFlow 與 Theano，而且 Keras 已經成為 TensorFlow 的預設 API。

3. Theano

Theano 是一個 Python 深度學習程式庫，專門應用於定義、最佳化、求值數學運算式，具有效率高且適用於多維陣列，特別適合做機器學習。一般來說，在使用 Theano 時需要安裝 Python 和 NumPy。

4. XGBoost

XGBoost 模組是大規模並行 boosted tree 的工具，它是目前最快、最好的開放原始碼 boosted tree 工具套作之一。XGBoost（eXtreme Gradient Boosting）是 Gradient Boosting 演算法的一個優化版本，針對傳統的 GBDT 演算法做了很多細節改進，包括損失函數、正規化、切分點搜尋演算法優化等。

相對於傳統的 GBDT 演算法，XGBoost 增加了正規化步驟。正規化的作用是減少過擬合現象。XGBoost 可以使用隨機抽取特徵，這個方法借鑒了隨機森林的建模特點，可以防止過擬合。XGBoost 的優化特點主要展現在以下 3 個方面。

- 實現了分裂點搜尋近似演算法，先透過長條圖演算法獲得候選分割點的分佈情況，然後根據候選分割點將連續的特徵資訊映射到不同的 buckets 中，並統計匯總資訊。

- XGBoost 考慮了訓練資料為稀疏值的情況，可以為缺失值或指定的值指定分支的預設方向，這樣就能大大提升演算法的計算效率。

- 在正常情況下，Gradient Boosting 演算法都是循序執行的，所以速度較慢。XGBoost 特徵列排序後以區塊的形式儲存在記憶體中，在反覆運算中可以重複使用。因此 XGBoost 在處理每個特徵列時可以做到並行處理。

總體來說，XGBoost 相對於 GBDT 在模型訓練速度與在降低過擬合上有了不少的提升。

5. TensorFlow

TensorFlow 是 Google 以 DistBelief 為基礎所研發的第二代人工智慧學習系統。

6. TensorLayer

TensorLayer 是為研究人員和工程師設計的一款以 Google TensorFlow 為基礎所開發的深度學習與強化學習程式庫。

7. TensorForce

TensorForce 模組是一個建構於 TensorFlow 之上的新型強化學習 API。

8. Jieba

Jieba 是一款優秀的 Python 第三方協力廠商中文分詞程式庫，Jieba 支援 3 種分詞模式：精確模式、全模式和搜尋引擎模式，下面介紹這 3 種分詞模式的特點內容。

- 精確模式：試圖將語句進行最精確的切分，沒有冗餘資料，適合進行文字分析。

- 全模式：將語句中所有可能是詞的詞語都切分出來，切分速度非常快，但是存在冗餘資料。

- 搜尋引擎模式：在精確模式的基礎上，對長詞再次進行切分。

9. WordCloud

WordCloud 可以說是 Python 非常優秀的文字雲（或譯標籤雲、詞雲）展示第三方協力廠商程式庫。文字雲以詞語為基本單位會更加直觀、藝術地展示文字。

10. PySpark

PySpark 是一個大規模記憶體分散式運算框架。

Python+Office 辦公自動化實戰

作　　　者：王國平
譯　　　者：H&C
企劃編輯：蔡彤孟
文字編輯：江雅鈴
設計裝幀：張寶莉
發 行 人：廖文良

發 行 所：碁峰資訊股份有限公司
地　　　址：台北市南港區三重路 66 號 7 樓之 6
電　　　話：(02)2788-2408
傳　　　真：(02)8192-4433
網　　　站：www.gotop.com.tw
書　　　號：ACL067400
版　　　次：2023 年 01 月初版
建議售價：NT$480

國家圖書館出版品預行編目資料

Python+Office 辦公自動化實戰 / 王國平原著;H&C 譯. -- 初版.
-- 臺北市：碁峰資訊, 2023.01
面 ; 公分
ISBN 978-626-324-395-8(平裝)
1.CST：Python(電腦程式語言)　2.CST：OFFICE(電腦程式)
3.CST：辦公室自動化
312.32P97　　　　　　　　　　　　　　　　111021040

讀者服務

● 感謝您購買碁峰圖書，如果您對本書的內容或表達上有不清楚的地方或其他建議，請至碁峰網站：「聯絡我們」\「圖書問題」留下您所購買之書籍及問題。(請註明購買書籍之書號及書名，以及問題頁數，以便能儘快為您處理)
http://www.gotop.com.tw

● 售後服務僅限書籍本身內容，若是軟、硬體問題，請您直接與軟體廠商聯絡。

● 若於購買書籍後發現有破損、缺頁、裝訂錯誤之問題，請直接將書寄回更換，並註明您的姓名、連絡電話及地址，將有專人與您連絡補寄商品。